Easy Cook
食在家常

食味小鲜

甘智荣　主编

U0222261

江苏凤凰科学技术出版社

图书在版编目（CIP）数据

食味小鲜 / 甘智荣主编 . -- 南京 : 江苏凤凰科学
技术出版社 , 2018.7

ISBN 978-7-5537-9293-4

Ⅰ . ①食… Ⅱ . ①甘… Ⅲ . ①菜谱 Ⅳ .
① TS972.12

中国版本图书馆 CIP 数据核字 (2018) 第 107075 号

食味小鲜

主　　　编	甘智荣	
责 任 编 辑	倪　敏	
责 任 监 制	曹叶平　方　晨	

出 版 发 行	江苏凤凰科学技术出版社
出版社地址	南京市湖南路 1 号 A 楼，邮编：210009
出版社网址	http://www.pspress.cn
印　　　刷	北京旭丰源印刷技术有限公司

开　　　本	718 mm × 1000 mm　1/16
印　　　张	13
字　　　数	177 000
版　　　次	2018 年 7 月第 1 版
印　　　次	2021 年 11 月第 2 次印刷

标 准 书 号	ISBN 978-7-5537-9293-4
定　　　价	39.80 元

图书如有印装质量问题，可随时向我社出版科调换。

中国人爱吃，尤擅调味，对于食物的鲜味更有着独到的见解。清代著名美食家袁枚在其所著的《随园食单》中将食材的鲜味视为元味，但凡点评菜品皆以鲜为上，鲜味的诱人程度也就不言而喻了。

从中国汉字的造字结构上来说，羊大为美，鱼羊为鲜。这个"鲜"字的起源可以追溯到春秋时期齐国烹饪大师易牙创制的名馔"鱼腹藏羊肉"，选取北方两种至鲜的食材——鲤鱼、羊肉，合于一处烤制，鲜上加鲜，千古流传。除了鱼和羊等肉类以外，其实生活中很多食材也具有鲜的味道，如蘑菇、竹笋、海带等。从海带的水解物中分离出的谷氨酸钠成分，带有人们所热衷的鲜美味道。如今人们可以大量生产谷氨酸钠来用于烹饪调鲜，而这就是现在家家户户烹饪时必不可少的味精。

虽然中式烹饪菜系众多，富于变化，味精、鸡精的使用也日益普遍，但大多数时侯人们还是更愿意清淡求鲜，放心享受食材的天然之味。这种调味趋势、烹饪特征在江南菜系的菜中体现得尤为明显。一棵菜，一条鱼，乃至一方肉，厨师们都倾尽全力去保留原味，再通过适度烹饪调味获得最美妙的味道。

不同于饕餐盛宴上的丰盛美味，百姓生活更讲究家常便饭的精致、踏实，小小的一盘菜承载着更多的生活情趣。那些精巧的食物可能来自田野山间，来自江河湖海，甚至可能来自你的窗前屋后、阳台菜园。不问出身，不问贵贱，但求一个"鲜"字，一样可以吃得津津有味。

在这本书中，我们将为你呈现众多关于鲜味美食的知识和烹饪做法。从鲜味食材、调味品介绍，到厨房烹饪中调味增鲜、上灶技巧，结合大量图片和步骤演示，向你推荐有滋有味的凉拌菜、小炒、蒸煮汤品的烹饪方法，以及饮食生活中所应特别注意的事项。此外，我们也特别加入了中国人煲汤的传统制法、诀窍，让你可以了解更多的烹饪知识。享天赐美食，拥怡然之乐，在寻找天底下至鲜、至美食材的道路上，志同道合的人总是能走到一起。

阅读导航

菜式名称

每一道菜式都有着它的名字，我们将菜式名称放置在这里，以便于你在阅读时能一眼就找到它。

辅助信息

这里标记着这道菜的烹饪时间、口味、营养功效及适用人群。

美食故事

没有故事的菜是不完整的，我们将这道菜的所选食材、产地、调味、历史、地理、人文故事等留在这里，用最真实的文字和体验告诉你这道菜的魅力所在。

材料与调料

在这里，你能查找到烹制这道菜所需的所有配料名称、用量以及它们最初的样子。

菜品实图

这里将如实地为你呈现一道菜烹制完成后的最终样子，菜的样式是否悦目，是否会勾起你的食欲，你的眼睛不会说谎。此外，你也可以通过对照图片来检验自己动手烹制的菜品是否符合规范和要求。

凉拌荷兰豆

- ⏱ 2分钟
- 🌶 辣
- ✂ 防癌抗癌
- 👩 女性

春季荷兰豆刚刚上市，这种以鲜嫩为上的蔬菜有着格外脆嫩的口感，伴着新鲜的豆香味，几乎不需额外修饰便非常迷人。北方人爱将其凉拌，翠色欲滴的豆荚间点缀着几根红椒丝，淡雅而别致，吃起来也清脆爽口，滋味鲜甜，若拌入少许辣椒油则风味更佳。

材料		调料	
荷兰豆	200克	盐	3克
红椒	20克	鸡精	2克
		食用油	适量
		芝麻油	适量

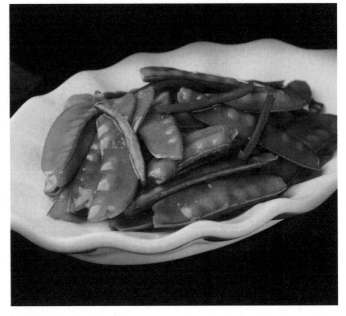

步骤演示

你将看到烹制整道菜的全程实图及具体操作每一步的文字要点，它将引导你将最初的食材烹制成美味的食物，完整无遗漏，文字讲解更实用、更简练。

食材处理

❶将红椒切开，去籽，切成丝。

❷锅中加水烧开，加适量食用油，倒入洗净的荷兰豆。

❸煮约2分钟至熟后，捞出沥干。

做法演示

❶将煮好的荷兰豆盛入碗中。

❷加入盐、鸡精、芝麻油。

❸倒入红椒丝。

❹用筷子搅拌均匀。

❺将拌好的材料放入盘中。

❻装好盘即可。

制作指导

◎ 荷兰豆捞出后，放入凉水中可避免变黄，还有利于快炒时与各种材料同时快熟，保持脆嫩清爽口感。

◎ 要选用新鲜、翠绿的荷兰豆，不宜选用过老的荷兰豆。

◎ 荷兰豆烹饪前要去除头尾，并把老筋去除，以保证成品的口感。

◎ 拌制荷兰豆时加入少许辣椒油，可使菜品味道更好。

养生常识

★ 荷兰豆适合脾胃虚弱、小腹胀满、呕吐泻痢、产后乳汁不下、烦热口渴者食用。

★ 儿童宜多食荷兰豆，可以增强身体的免疫力。

★ 腐烂变质的荷兰豆不要食用，以免引起中毒。

★ 荷兰豆要煮熟，否则易引起中毒。

食物相宜

结合实图为你列举这道菜中的某些食材与其他哪些食材搭配效果更好，以及它们搭配所具有的营养功效。

食物相宜

开胃消食

荷兰豆

＋

蘑菇

健脾，通乳，利水

荷兰豆

＋

红糖

促进食欲

荷兰豆

＋

鸡肉

制作指导＆养生常识

在烹制菜肴的过程中，一些烹饪上的技术要点能帮助你一次就上手，一气呵成零失败，细数烹饪实战小窍门，绝不留私。了解必要的饮食养生常识，也能让你的生活更合理、更健康。

Contents | 目录

第1章
凉拌好清鲜

第2章
素味轻松炒

第3章
荤香好馋人

第 4 章
蒸蒸煮煮最养人

附录

品味至鲜

人们在现实生活中总离不开吃，老百姓开门七件事——"柴米油盐酱醋茶"，都与吃有着千丝万缕的联系。大多数人每日奔波、忙碌最基本的目的便是糊口，纵然百般辛苦，那种以美味的一餐填饱肚子后换来的愉悦心情还是溢于言表。

食物的美味是餐桌上永恒的话题，其中一个重要的参考标准就是食物的"鲜"。当结合在食物蛋白质中的氨基酸——谷氨酸游离出来，对人的味蕾产生刺激时，人就会获得滋味鲜美的感受。鲜味不能独立存在，它必须依附于其他味道，例如甜味、咸味等，故坊间有"无甜不鲜""无咸不鲜"的说法。主要是因为谷氨酸在由酸变盐时更易于电离，进而呈现出更足的鲜味，所以人们在做菜时撒盐也有助于让食材的鲜味充分释放。

食物的鲜味包括两部分，一是食材本身的鲜味，二是烹饪调味所附加的鲜味。千百年来，为了不断追求或超越那种极致的鲜味，深谙烹调之道的人们也想了无数办法。烹饪时人们尽量选用那些新鲜的食材，避免过度调味而掩盖其天然的鲜味；针对那些不太新鲜或腥膻味较重的食材，可使用白糖、醋、料酒、葱、姜、蒜、胡椒粉等来帮助祛除异味、祛除腥膻、增添鲜味；针对那些鲜味不足的食材，则可以适当加量调味来补足鲜味。

爱家的人对于这种家常小鲜有着更为深刻的理解，他们可以根据家人的不同偏好与口味，选择当季最新鲜的食材，精工细作，做出最细嫩的口感、最纯正的味道，那是一种特殊的、充满温情的、让人怀念的家的味道。

常见烹饪增鲜方法

❶ 在烹饪过程中直接撒入适量的谷氨酸钠，即味精。

❷ 添加有助提鲜的食材，如鱼露、蚝油、蘑菇等。

❸ 添加以肉类慢炖后获得的原味老汤。

❹ 添加以鲜笋或鲜虾煮水后获得的鲜汁。

鲜味食材

现代人崇尚自然与健康，那些从大山里走出来的菌菇们健康无污染，更富含多种微量元素，营养价值颇高，在当今的蔬菜市场上炙手可热。此外，这些菌菇口感细嫩、鲜香味浓，独立成菜、搭配肉食皆可，是一种极易出彩的鲜味食材。

香菇

过去营养学认为，维生素 B_{12} 的主要食物来源为肉类、鱼类。而肥胖和有心血管系统疾病的老年人为了控制血脂、血糖，往往把动物肝脏和蛋白质含量高的肉类、鱼类打入"冷宫"，因长期少食肉类而导致维生素 B_{12} 缺乏。

虽然维生素 B_{12} 在绝大多数蔬菜中几乎找不到，但香菇中的维生素 B_{12} 含量却相当丰富。成年人每天吃25克左右的鲜香菇，维生素 B_{12} 的摄入量即可达标。此外，香菇所含的纤维素能减少肠道对胆固醇的吸收。因此，每天吃一次香菇，是担心有"三高问题"的中老年人以及素食爱好者的最佳选择。

蘑菇

蘑菇是高蛋白、低脂肪的健康食品，富含人体必需的氨基酸、矿物质、维生素和多糖等营养成分。经常食用蘑菇能促进人体对其他食物营养的吸收。

人们一般认为，肉类和豆类中才含有较高的蛋白质，其实蘑菇中的蛋白质含量也非常高。蘑菇含有18种氨基酸，有些蘑菇中蛋白质的氨基酸组成比例优于牛肉。新鲜的蔬菜和水果都不含维生素D，蘑菇却是例外。蘑菇中的维生素D含量丰富，有利于骨骼健康。蘑菇的抗氧化能力还可以与一些色泽鲜艳的蔬菜媲美，比如西葫芦、胡萝卜、西蓝花、红辣椒。

茶树菇

茶树菇营养丰富，能提供蛋白质、脂肪、碳水化合物、维生素、矿物质等。每100克干品中含蛋白质14.2克，远远高于肉类、蔬菜、水果。茶树菇含有人体所需的18种氨基酸，其中人体不能合成的8种氨基酸含量特别高，对儿童生长发育和智力提高有促进作用。

茶树菇能参与人体代谢，维持和调节体内环境的平衡。茶树菇性平，甘温，无毒，有清热、平肝、明目的作用。此外，茶树菇还具有降血压、抗衰老的作用，因此被民间称为"神菇"。

猴头菇

自古以来，猴头菇就被推崇为"养胃山珍"，其改善胃肠道功能的效果尤其显著。现代医学研究表明，猴头菇对胃病反复发作的元凶——幽门螺旋杆菌（HP）有较好的抑制作用，对消化不良、胃病和神经衰弱有不错的食疗作用。

鸡蛋

鸡蛋营养丰富，味道鲜美，价格便宜，烹制起来得心应手，是老百姓餐桌上的常见食材。鸡蛋中含有蛋白质、脂肪、卵黄素、卵磷脂、维生素和铁、钙、钾等人体所需的微量元素，是婴幼儿、孕产妇、病后调养者、老年人的理想食品。

虽然吃鸡蛋的好处很多，但人们也要科学摄取，走出食用鸡蛋的三大误区。

- 蛋形越圆，蛋黄越大；蛋壳越粗糙，蛋越新鲜。
- 鸡蛋的营养价值高低取决于鸡的饮食营养结构，而不是蛋壳的颜色深浅。

1. 煮鸡蛋的时间越长越好

为防止鸡蛋在烧煮过程中蛋壳爆裂，将鸡蛋洗净后，放在盛水的锅内浸泡 1 分钟，用小火烧开，再改用文火煮 8 分钟即可。切忌烧煮时间过长，否则蛋黄中的亚铁离子会与硫离子产生化学反应，形成硫化亚铁的褐色沉淀，妨碍人体对铁的吸收。

2. 炒鸡蛋放味精味道会更好

鸡蛋本身含有大量的谷氨酸与一定量的氯化钠，加热后这两种物质会生成谷氨酸钠，它就是味精的主要成分，有很纯正的鲜味。如果在炒鸡蛋时放味精，味精分解产生的鲜味就会破坏鸡蛋本身的自然鲜味。

3. 鸡蛋与豆浆同食营养高

早上喝豆浆的时候吃个鸡蛋，或把鸡蛋打在豆浆里煮，是许多人的饮食习惯。豆浆性平味甘，含植物蛋白、脂肪、碳水化合物、维生素、矿物质等营养成分，单独饮用有很好的滋补作用，但豆浆中有一种特殊物质叫胰蛋白酶，它与蛋清中的卵清蛋白相结合，会使营养成分损失，降低二者的营养价值。

鸡蛋营养吃法大比拼

鸡蛋的吃法多种多样，有煮、蒸、炸、炒等。就鸡蛋营养的吸收和消化率来讲，煮、蒸鸡蛋应是最佳的吃法。

 ✪ 煮、蒸的营养吸收和消化率为 100%

 ✪ 嫩炸的营养吸收和消化率为 98%

 ✪ 炒蛋的营养吸收和消化率为 97%

 ✪ 荷包蛋的营养吸收和消化率为 92.5%

 ✪ 老炸的营养吸收和消化率为 81.1%

 ✪ 生吃的营养吸收和消化率为 30%~50%

鱼

对于很多人来说，鱼是天底下至鲜、至美的食材。鱼的营养价值丰富，味道鲜美，可以烹制成多种经典菜式，老少咸宜。多吃鱼对人体大有裨益，因为鱼的全身都是宝，下面将为你介绍鱼各个部位的烹制方法以及营养价值有哪些不同。

鱼的美食"地图"

❶ 鱼肉：鱼肉富含优质蛋白，容易被人体消化吸收，脂肪含量低，还含有钙、磷、钾、碘、锌、硒等无机盐，以及维生素 A、维生素 D 及 B 族维生素等。鱼肉有暗色、白色之分，暗色肉含有较多的脂质、糖原、维生素、酶类等，味道较腥，如金枪鱼、沙丁鱼等；白色肉腥味较轻，如大黄鱼、比目鱼等。

❷ 鱼脑：鱼脑富含俗称"脑黄金"的多不饱和脂肪酸 DHA，还有磷脂类物质，能促进婴儿大脑发育，对治疗阿尔茨海默病也有一定的辅助作用。但鱼脑胆固醇含量较高，应控制食量。

❸ 鱼鳔：鱼鳔在古代有"海洋人参"之称，与燕窝、鱼翅齐名。鱼鳔含有生物大分子胶原蛋白质，有改善组织营养状况、促进生长发育、延缓皮肤衰老的功用，是理想的高蛋白、低脂肪食品。海水鱼的鱼鳔壁较厚，通常制成干品，称为鱼肚。质厚的鱼肚用油或水泡发皆可，质薄的鱼肚用油泡发的效果较好。以鱼肚入馔的菜肴口感滑润、细腻，给人以绝佳的味觉享受。

❹ 鱼鳞：鱼鳞中含有丰富的胆碱、蛋白质、不饱和脂肪酸、卵磷脂及钙、硫等矿物质。可将鱼鳞用小火熬成鱼鳞冻食用，也可做成汤食用。此外，鲥鱼和鳓鱼的鱼鳞含有一定的脂质和鲜味成分，烹饪时可不去鳞直接蒸制。

❺ 鱼唇：鱼唇多以鲟鱼、鲨鱼、鳐鱼上唇部的皮及连带组织干制而成，主要成分为胶原蛋白，虽属海味八珍之一，其实没多少营养。

❻ 鱼眼：鱼眼含有丰富的 B 族维生素，以及二十二碳六烯酸和二十碳五烯酸等不饱和脂肪酸。这些营养物质可增强人的记忆力和思维能力，降低人体内胆固醇的含量。

❼ 鱼骨：鱼骨中含有丰富的钙质，能起到防治骨质疏松的作用，处于生长期的青少年和骨骼开始老化的中老年人应多吃鱼骨。鱼骨的烹制方法有很多。例如，可以将鱼骨晒干、碾碎后和肉馅一起做成丸子食用。也可以在炖鱼时多放一点醋，并用高压锅进行炖煮，这样可使鱼骨软化，直接食用。

TIPS

质量上乘的鲜鱼，眼睛光亮透明，眼球略凸，眼珠周围没有充血而发红；鱼鳞光亮、整洁、紧贴鱼身；鱼鳃紧闭，呈鲜红或紫红色，无异味；腹部发白，不膨胀，鱼体挺而不软，有弹性。

海鲜

海鲜以刚出水的鲜活者为上，这种世间美味几乎不需要额外的调味，稍加蒸煮，它们所带有的鲜味、香气就会释放出来，让人获得口味与精神上的双重满足。但吃海鲜绝不可百无禁忌，即便美味当前，也要多注意饮食细节，吃得安全、健康才是第一位的。

食用海鲜的注意事项

❶ 海鲜不煮熟则含有细菌

海鲜中的病菌主要是副溶血性弧菌等，耐热性比较强，80℃以上才能杀灭。除了水中带来的细菌以外，海鲜中还可能存在寄生虫卵以及加工带来的病菌和病毒污染。因此，在吃诸如醉蟹之类不加热烹调的海鲜一定要慎重，吃生鱼片时也要保证鱼的新鲜和卫生。

❷ 死贝类病菌毒素多

贝类本身的带菌量比较高，蛋白质分解又快，一旦死去便大量繁殖病菌，产生毒素，同时其中所含的不饱和脂肪酸也容易氧化酸败。不新鲜的贝类还会产生较多的胺类和自由基，对人体健康造成威胁。

❸ 海鲜与维生素C同吃可导致中毒

虾、蟹、蛤、牡蛎等体内均含有化学元素砷。虾体内所含砷的化合价是五价，一般情况下，五价砷对人体没有害处。但高剂量的维生素C（一次性摄入维生素C超过500毫克）和五价砷经过复杂的化学反应，会转变为有毒的三价砷，即我们常说的砒霜，当三价砷达到一定剂量时可导致人体中毒。据专业人士解释，一次性生吃1500克以上的绿叶蔬菜，才会大剂量地摄入维生素C。如果经过加热烹调，食物中的维生素C还会大打折扣。因此，在吃海鲜的同时食用青菜，只要不超过上述的量是没有危险的。

❹ 海鲜水果同吃易致腹痛

鱼、虾、蟹等水产含有丰富的蛋白质和钙等营养素。而水果中含有较多的鞣酸，如果吃完水产后，马上吃水果，不但影响人体对蛋白质的吸收，而且水产中的钙会与水果中的鞣酸结合，形成难溶的钙，对胃肠道产生刺激，甚至引起腹痛、恶心、呕吐等症状。吃完海鲜最好间隔2小时以上再吃水果。

● 鲜活贝类买回来以后，不能存放太久，要尽快烹调。一般来说，海鲜在沸水中煮4~5分钟才能彻底杀菌。

● 吃海鲜时不宜饮用啤酒。虾、蟹等在人体代谢后会形成尿酸，如果大量食用海鲜，同时再饮用啤酒，就会加速体内尿酸的形成，容易引发痛风。

食材与调味

　　食材与调味是厨房烹饪的中心话题，生活中可选的食材、调味料众多，它们在一道菜中所扮演的角色各不相同，不论是刚刚踏入厨房的"菜鸟"，还是厨艺精湛的大厨，熟悉它们，并能在适宜时机正确地使用它们，绝对可以称得上是一门学问。

食材

✿ 蔬菜

　　蔬菜是可以供人食用的植物类和菌类食物统称，是人们每天不可或缺的食物来源之一，它可以为人体提供大量膳食纤维、维生素和矿物质。蔬菜的品种众多，应尽量选择新鲜的时令蔬菜，其中种植要求严格规范的有机蔬菜品质最好。

✿ 水产品

　　水产品是淡水渔业和海洋渔业所产的动植物及其加工品的统称，以鱼、虾、蟹、贝为主，是人体获取优质蛋白质的重要来源。购买水产品时通常以鲜活者为佳，因其容易腐败变质，所以应趁鲜尽早食用，或者及时冷藏保鲜。

✿ 猪肉

　　新鲜猪肉表面微干或湿润，不黏手，嗅之气味正常。购买冷冻猪肉时，应选择肉色红润均匀，脂肪洁白有光泽，肉质紧密，手摸有坚实感，外表及切面稍微湿润，不黏手、无异味者。目前市场上有不少冷冻猪肉，用来入馔味道并不比新鲜猪肉差，而且价格相对低廉。

✿ 牛肉

　　新鲜牛肉肌肉呈均匀的红色且有光泽，脂肪为洁白或淡黄色，外表微干或有风干膜，用手触摸不黏手，富有弹性，闻起来有鲜肉味。变质牛肉肌肉暗淡无光泽，脂肪呈淡黄绿色，外表黏手或极度干燥，新切面发黏，用手指压后凹陷不能复原，留下明显的指压痕，闻起来有异味或臭味。

✪ 羊肉

新鲜的羊肉呈暗红色，脂肪为白色。绵羊肉质细嫩，肥美可口，膻味较小；山羊肉较粗糙，膻味较重，但脂肪和胆固醇含量较低。

✪ 兔肉

新鲜兔肉肌肉呈暗红色并略带灰色，脂肪为洁白或黄色，肉质柔软且有光泽。除了看色泽以外，还可以看以下几个方面：结构紧密坚实，肌肉纤维韧性强；外表风干，有风干膜，或外表湿润而不黏手；闻之有兔肉的正常气味。

✪ 鸽肉

购买冷冻鸽肉时，要注意挑选肌肉有光泽，脂肪洁白的；肌肉颜色稍暗，脂肪也缺乏光泽的是劣质鸽肉。

✪ 鸡肉

光鸡是经宰杀、去毛后出售的鸡。新鲜的光鸡眼球饱满，肉色白里透红，皮肤有光泽，外表微干或略湿润，不黏手，用手指按压有弹性，闻之气味正常。

✪ 鸭肉

老鸭毛色比较暗，而且粗乱，一般用于炖汤；嫩鸭的毛色较有光泽，而且顺滑，嫩鸭可采用多种方法烹饪，蒸、煮、煎、烧皆宜。我们还可以用手捏鸭嘴，感觉柔软的就是嫩鸭，而老鸭的嘴较为坚硬。冰鲜鸭肉以肌肉和脂肪均有光泽的为佳。

✪ 豆制品

豆制品不仅美味，而且营养价值很高，可与动物性食物媲美。豆制品的营养主要体现在其丰富的蛋白质含量上。豆制品所含人体必需氨基酸与动物蛋白相似，同样也含有钙、磷、铁等人体需要的矿物质，含有维生素 B_1、维生素 B_2 和纤维素。豆制品的营养比大豆更易于消化吸收。因为大豆在加工制成豆制品的过程中，由于酶的作用，促使豆中更多的磷、钙、铁等矿物质被释放出来，能提高人体对大豆中矿物质的吸收率。发酵豆制品在加工过程中，由于微生物起到了一定的作用，还可合成维生素，对人体健康十分有益。

调味料

调味料也称作料，是指被少量加入其他食物中用来改善食物味道的食品，最常见的是油、盐、酱、醋等。

✿ 豆油

豆油是以大豆种子压榨的油脂，是世界上产量最多的食用油。精炼过的大豆油为淡黄色，但长期储存后其颜色会由浅变深，不宜长期储存。

✿ 色拉油

色拉油是将毛油经过精炼加工后制成的食用油，色泽淡黄、澄清、透明，用于烹调时油烟较少，也作为冷餐的凉拌油使用，市场上较为常见的有大豆色拉油、菜籽色拉油、葵花子色拉油等。

✿ 橄榄油

橄榄油颜色黄中透绿，闻着有股诱人的清香味，入锅后一种蔬果香味贯穿炒菜的全过程。它不会破坏蔬菜的颜色，也没有任何油腻感，并且油烟很少。橄榄油是做冷酱料和热酱料最好的油脂成分，它可保护新鲜酱料的色泽。

✿ 红油

红油是中式酱料中常用到的食材，香辣可口，它的好坏会影响酱料的色、香、味。好的红油不仅给酱料增色不少，而且还好闻好吃；不好的红油会让酱料的颜色变得昏晦或无光泽，而且会有苦味或无味。

✿ 香油

香油是小磨香油和机制香油的统称，即具有浓郁或显著香味的芝麻油。在加工过程中，芝麻中的特有成分经高温炒料处理后，生成具有特殊香味的物质，致使芝麻油具有独特的香味，有别于其他各种食用油，故称香油。香油可用于烹饪或酱料里，菜肴起锅前淋上香油，可增香味；腌渍食物时，亦可加入以增添香味。

✿ 花椒油

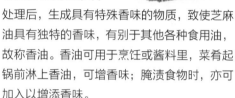

调味油类，用于需要突出麻味和香味的食品中，能增强食品的风味，多用于川菜、凉拌菜、面食、米线、火锅中。

✿ 蚝油

蚝油不是严格意义上的油脂，而是在加工蚝豉时，煮蚝豉剩下的汤，此汤经过滤浓缩后即为蚝油。它是一种营养丰富、味道鲜美、蚝香浓郁、黏稠适度的调味料。蚝油中牛磺酸含量之高是其他调味料不能相比的，其含量与谷氨酸相似，被称为"多功能食品添加剂的新星"，具有防癌抗癌、增强人体免疫力等多种保健功效，在临床治疗和药理上应用广泛，可防治多种疾病。蚝油中的锌、铜、硒含量较高，长期食用可以补充人体中的一些不足。

✪ 盐

盐是烹饪中最常用的调味料，有着"百味之王"的说法，其主要化学成分是氯化钠，味咸，在烹饪中能起到定味、调味、提鲜、解腻、去腥的作用。用豆油、菜籽油炒菜时，应炒过菜后再放盐；用花生油炒菜时，应先放盐，这样可以减少黄曲霉素；用荤油炒菜时，可先放一半盐，以去除荤油中有机氯农药的残留，菜炒好后再加入另一半盐；做肉类菜肴时，炒至八成熟时放盐最好。

✪ 味精

味精是从大豆、小麦、海带及其他含蛋白质物质中提取精制而成的，味道鲜美，在烹饪中主要起到提鲜、助香、增味的作用。当受热到120℃以上时，味精会变成焦化谷氨酸钠，不仅没有鲜味，还有毒性。因此，味精最好在炒好起锅时加入。

✪ 酱油

酱油是用豆、麦、麸皮酿造的液体调味品。色泽红褐色，有独特酱香，滋味鲜美，有助于促进食欲，是中国的传统调味品。酱油根据烹饪方法不同，使用方法也不同，通常是在给食物调味或上色时使用。在中式酱料中，加入一定量的酱油，可增加酱料的香味，并使其色泽更加好看。在锅里高温久煮会破坏酱油的营养成分并失去鲜味，因此，烧菜应在即将出锅之前再放酱油。

✪ 鸡精

鸡精是近几年使用较广的强力助鲜品。鸡精的鲜味来源于它其中所含有的主要成分——谷氨酸钠，又称味素。它在烹饪中的价值就是增鲜提味。

✪ 醋

醋是一种发酵的酸味液态调味品，以含淀粉类的粮食为主料，谷糠、稻皮等为辅料，经过发酵酿造而成。醋在中式烹调中为主要的调味品之一，以酸味为主，且有芳香味，用途较广。它能去腥解腻，增加鲜味和香味，减少维生素C在食物加热过程中的流失，还可使烹饪原料中钙质溶解而利于人体吸收。醋有很多品种，除了众所周知的香醋、陈醋外，还有糙米醋、糯米醋、米醋、水果醋、酒精醋等。优质醋酸而微甜，带有香味。

✪ 糖

糖也是烹饪中使用非常频繁的调味料，它会赋予食品甜味、香气、色泽，并能够让食物在很长时间里保持潮润状态与柔嫩的质感，担当"食品胶黏剂"的角色。市面上的糖类调味品有白砂糖、绵白糖、红糖、冰糖等。在制作糖醋鲤鱼等菜肴时，应先放糖后加盐，否则盐的"脱水"作用会促进蛋白质凝固而使食材难于将糖味吃透，影响其味道。冰糖是砂糖的结晶再制品，味甘性平，有益气、润燥、清热的作用。

✪ 辣椒

辣椒可使菜肴增加辣味，并使菜肴色彩鲜艳。烹饪中常用的辣椒包括灯笼椒、干辣椒、剁辣椒等。灯笼椒肉质比较厚，味较甜，常剁碎或打成泥，有提味、增香、爽口、去腥的作用。干辣椒一般可不打碎，有增香、增色的作用。剁辣椒可直接加于酱料中食用，颜色鲜艳，味道可口，还有去腥与杀菌的作用。

干辣椒

干辣椒是用新鲜辣椒晾晒而成的，外表呈鲜红色或棕红色，有光泽，内有籽。干辣椒气味特殊，辛辣如灼。干辣椒可切节使用，也可磨粉使用，可去腻、去膻味。干辣椒节主要用于香辣口味的菜肴，川菜调味使用干辣椒的原则是辣而不死，辣而不燥。以油爆炒时需注意火候，不宜炒焦。火锅汤卤锅底中加入干辣椒，能去腥解腻、压抑异味、增加香辣味和色泽。

辣椒粉

辣椒粉是将红辣椒干燥、粉碎后做成的，根据其粒子的大小分成粗辣椒粉、中辣椒粉、细辣椒粉，而根据其辣味程度则分成辣味、微辣味、中味、醇和味。

辣椒粉的使用方法：

❶ 直接入菜，如宫保鸡丁，用辣椒粉可起到增色的作用。

❷ 制成红油辣椒，做成红油、麻辣等口味的调味品，广泛用于冷热菜式，如红油笋片、红油皮扎丝、麻辣鸡、麻辣豆腐等菜肴的调味。

✪ 豆腐乳

豆腐乳是经二次加工的豆制发酵调味品，分为青方、红方、白方三大类，可以用来烹饪调味或者独立作为佐餐小菜，滋味咸鲜，可以让菜品的口味变得更加丰富而有层次。

一般来说，食物经过发酵后更便于人体吸收营养成分，经发酵的豆类或豆制品，B族维生素明显增加。

✪ 泡椒

泡椒，俗称"鱼辣子"，是一种鲜辣开胃的调味料。它是用新鲜的红辣椒泡制而成，由于泡椒在泡制过程中产生了乳酸，所以用于烹制菜肴，就会使菜肴具有独特的香气和味道。泡椒具有色泽红亮、辣而不燥、辣中微酸的特点，常用于各种辣味菜品调味，尤其在川菜调味中最为多见。

食用香料

食用香料是为了提高食品的风味而添加的香味物质，是以天然植物为原料加工而成的。常用的天然香料有八角、花椒、姜、葱、蒜、胡椒、丁香、香叶、桂皮等。

✿ 葱

葱常用于爆香、去腥，并以其独有的香味提升食物的味道。也可在菜肴做完之后撒在菜上，增加香味。

✿ 姜

姜性热味辛，含有挥发油、姜辣素，具有特殊的辛辣香味。生姜可以去除鱼的腥味，去除猪肉、鸡肉的膻味，并可提高菜肴风味。姜用于红汤、清汤汤卤中，能有效地去腥压臊、提香调味。通常要剁成末或切片、切丝使用，也可以榨汁使用。

✿ 大蒜

大蒜味辛，有刺激性气味，含有挥发油及二硫化合物。大蒜主要用于调味增香、压腥味及去异味。常切片或切碎之后爆香，可搭配菜色，也能增加菜的香味。

✿ 麻椒

麻椒是花椒的一种，花椒的颜色偏棕红色，而麻椒的颜色稍浅，偏棕黄色，但麻椒的味道要比花椒重很多，特别麻，它在烹饪川菜时是一味非常关键的调味料。

✿ 花椒

花椒亦称川椒，味辛性温，麻味浓烈，花椒果皮含辛辣挥发油等，辣味主要来自山椒素。花椒在咸鲜味菜肴中运用比较多，一是用于原料的先期码味、腌渍，起去腥、去异味的作用；二是在烹调中加入花椒，起避腥、除异味、和味的作用。花椒粒炒香后磨成的粉末即为花椒粉，若加入炒黄的盐则成为花椒盐，常用于油炸食物蘸食之用。

✿ 胡椒

胡椒辛辣中带有芳香，有特殊的辛辣刺激味和强烈的香气，有除腥解膻、解油腻、助消化、增添香味、防腐和抗氧化作用，能增进食欲，可解鱼虾蟹肉的毒素。胡椒分黑胡椒和白胡椒两种。黑胡椒粉因其色黑且辣味强劲，常用于肉类烹调；白胡椒粉则因其色白又香醇，多用于鱼类料理。整枝胡椒则在煮梨汁、高汤、其他汤品时使用。

✿ 陈皮

陈皮亦称"橘皮"，是用成熟了的橘子皮阴干或晒干制成。陈皮呈鲜橙红色、黄棕色或棕褐色，质脆，易折断，以皮薄而大、色红、香气浓郁者为佳。在川菜中，陈皮味型就是以陈皮为主要的调味品调制的，是川菜常用的味型之一。陈皮在冷菜中运用广泛，如陈皮兔丁、陈皮牛肉、陈皮鸡等。

✪ 八角

八角又称八角茴香，香气浓郁，味辛、甜，可以去除腥膻异味、提味增香、促进食欲，常在  煮、炖、酱、卤、焖、烧及炸等烹饪中使用，是中餐烹饪中出镜率极高的调味品，但因其香气极浓，须酌量使用。

✪ 桂皮

桂皮带有特殊的香味，可以使菜肴更香，做成粉调味可以去除肉类的膻味，若放入肉桂茶、  米糕、韩式糕点里使用时，则可以增强香气与改善色泽。

✪ 丁香

丁香是丁香科植物的干燥花蕾，味辛辣，香气馥郁，多用于肉食、糕点、  腌渍食品、炒货、蜜饯、饮料的调味，可矫味增香，是制作五香粉的主要原料之一。

✪ 豆蔻

豆蔻有肉豆蔻、白豆蔻、草豆蔻、红豆蔻等品种，辛香温燥，是较为常见的辛香料，可以为食  物增香，同时促进食欲。肉豆蔻可解腻增香，是制作肉食、酱卤肉的必备香料之一。白豆蔻可去除异味，增辛香，多用于制作肉类食物。草豆蔻可去除腥膻异味，提味增香，多用于制作肉食和卤菜。红豆蔻可除腻增香，多作为白豆蔻的替代品使用。

✪ 香叶

香叶是常绿树甜月桂的叶，味辛凉，气芬芳，略有苦味，多用于腌渍或浸渍食物，烹饪时也可作炖汤、填馅或鱼类食物的调味料。通常是整片叶子使用，烹调入味后再从菜肴中剔除。

✪ 甘草

甘草味甜，气芳香，是我国民间传统的天然甜味剂，可作为砂糖的替代品调味使  用，多在煲汤时使用。选购甘草时，以条长匀整、皮细色红、质坚油润者为佳。

✪ 白芷

白芷气芳香，味辛，微苦，是香料家族当中的重要成员，能去除  异味、调味增香，在各种烹饪方式中被广为使用，如煲汤、炖肉、烤肉、腌渍泡菜等。烹饪时白芷可单独使用，也可整用、碎用，是制作十三香的重要原料之一。

✪ 迷迭香

迷迭香的叶带有茶香，味辛辣、微苦，其少量干叶或新鲜叶片常用于食物调味，特别用于羔羊、鸭、鸡、香肠、海味、填馅、炖菜、汤、土豆、西红柿、萝卜，以及其他蔬菜和饮料，因味甚浓，应在食前取出。迷迭香具有消除胃胀、增强记忆力、提神醒脑、减轻头痛、改善脱发的作用，在酱料中常用它来提升酱的香味。

✪ 山奈

山奈，又叫沙姜，为草本植物的干燥根茎或鲜根茎，皮薄肉厚，质脆嫩，味辛辣，气香特异，烹饪时多被用于配制卤汁，也是制作五香粉的主要原料之一。

✪ 五香粉

由于陈皮、沙姜、八角、茴香、丁香、小茴香、桂皮、草果、老蔻、砂仁等原料一样，都有各自独特的芳香气，所以它们都是调制五香味型的调味品，多用于烹制动物性原料和豆制品原料的菜肴，如五香牛肉、五香鳝段、五香豆腐干等，四季皆宜，佐酒、下饭均可。

✪ 砂仁

砂仁性温味辛，有着浓烈的辛辣和芳香气味，是中式菜肴的重要调味品，也是制作咖喱菜的佐料。多在炖汤、火锅、卤味食物制作中使用。

✪ 料酒

料酒是以糯米为主要原料酿制而成，具有柔和的酒味和特殊的香气。烧制鱼、羊肉等荤菜时放一些料酒，可以借料酒的蒸发除去腥气。料酒在火锅汤卤中的主要作用是增香、提色、去腥、除异味。

酱料

作为烹饪的辅助材料，酱料的作用不容忽视，它既有调味、增香、增色的作用，又有嫩滑食材的作用，酱料运用得当往往是烹饪的关键。

✪ 大酱

大酱也叫黄酱，是以黄豆、面粉为主要原料酿造而成的调味品，滋味咸鲜。人们通常以新鲜的蔬菜蘸着生酱佐饭，是北方人餐桌上常见的调味品之一。

✪ 甜面酱

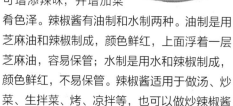

甜面酱，也叫甜酱，是以面粉为主要原料制曲、发酵而成，滋味咸甜可口，酱香浓郁，多在烹饪酱爆和酱烧菜时使用，同时也可蘸生鲜蔬菜或烤鸭时使用。

✪ 辣椒酱

辣椒酱是红辣椒磨成的酱，又称辣酱，可增添辣味，并增加菜肴色泽。辣椒酱有油制和水制两种。油制是用芝麻油和辣椒制成，颜色鲜红，上面浮着一层芝麻油，容易保管；水制是用水和辣椒制成，颜色鲜红，不易保管。辣椒酱适用于做汤、炒菜、生拌菜、烤、凉拌等，也可以做炒辣椒酱直接食用或用来做菜。

✪ 番茄酱

番茄酱是以新鲜西红柿制成的酱状浓缩制品，具有西红柿风味的特征，能帮助菜肴增色、添酸、提鲜，常在烹饪鱼、肉类菜肴时，制作糖醋汁、茄汁，会让食材的肉质变得格外细嫩。

✪ 豆瓣酱

豆瓣酱是由蚕豆、盐、辣椒等原料酿制而成的酱，味道咸、香、辣，颜色红亮，不仅能增加口感香味，还能给菜增添颜色。豆瓣酱油爆之后，色泽及味道会更好。以豆瓣酱调味的菜肴，无须加入太多酱油，以免成品过咸。调制海鲜类或肉类等带有腥味的酱料时，加入豆瓣酱有压抑腥味的作用，还能突出口味。

✪ 芝麻酱

芝麻酱是人们非常喜爱的香味调味品之一，其是用上等芝麻经过筛选、水洗、焙炒、风净、磨酱等工序制成的。其富含蛋白质、氨基酸及多种维生素和矿物质，有很高的保健价值。芝麻酱本身较干，通常是调稀后使用。芝麻酱是火锅涮肉时的重要涮料之一，能起到很好的提味作用，做酱时我们也经常会用到芝麻酱，用来调和酱料的味道，通常会用到拌酱中。

✪ 果酱

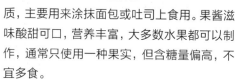

果酱是长时间保存水果的一种方法，是一种以水果、糖及酸度调节剂以超过 100℃熬制成的凝胶物质，主要用来涂抹面包或吐司上食用。果酱滋味酸甜可口，营养丰富，大多数水果都可以制作，通常只使用一种果实，但含糖量偏高，不宜多食。

其他调料

其他调料是指我们在日常生活中常用到的、非必备的调料。它们有助于主菜的调味、增色，却并非烹饪中必不可少的调料。

✪ 淀粉

淀粉，也称芡粉，是由甘薯、玉米中提取出来的淀粉物质。淀粉在烹饪中的重要价值就在于挂糊、上浆和勾芡，使用前先将其溶于水中，可使汤汁变得浓稠，进而改变菜肴的色泽和口味。

✪ 发粉

发粉，俗称泡打粉，是一种由苏打粉配合其他酸性材料，并以玉米粉为填充剂制成的复合疏松剂。主要用于制作面食，加入面糊中，可增加成品的膨胀程度，口感更加松软。

✪ 小苏打粉

小苏打粉也被称为食用碱，色白，易溶于水，在制作面食如馒头、油条时，将小苏打粉溶于水拌入面粉中，能让制成品口感更加蓬松。以适量小苏打粉腌渍肉类，也可使肉质变得滑嫩。

✪ 酵母

酵母多被用于制作面食，有新鲜酵母、普通活性干酵母和快发干酵母三种。在烘焙过程中，酵母会产生二氧化碳，具有膨大面团的作用。酵母发酵时产生酒精、酸、酯等物质，也会形成特殊的香味。

✪ 醪糟

醪糟是用糯米酿制而成，米粒柔软不烂，酒汁香醇。醪糟甘甜可口、稠而不混、酽而不黏。醪糟可以生食，也可以作发酵介质或普通特色菜品的调味料，如醪糟鱼等；调制火锅汤卤底料时加入醪糟，可增加醇香和回甜味。

✪ 炼奶

炼奶又称为炼乳，是以新鲜牛奶为原料，经过均质、杀菌、浓缩等工序制成的乳制品，有丰富的营养价值，是西式酱料中常见的添加物，可以起到提味、增香的作用。

✪ 美乃滋

美味可口的美乃滋可以使普通的水果和蔬菜顿然生色，变幻出各种诱人的味道，美乃滋是西方人最爱用的沙拉酱料。

✪ 鱼露

鱼露，俗称鱼酱油，是将小鱼虾腌渍、发酵、熬炼以后获得的一种味道极为鲜美的琥珀色汁液，风味独特，常作为烹饪调味、提鲜之用，是广东、福建等地所常见的水产调味品。

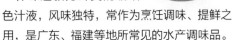

✿ 芥末

芥末是由芥菜的成熟种子碾磨成的一种粉状调料，又称芥子末、山葵、辣根、西洋山芋菜。它含有名为 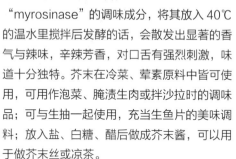 "myrosinase"的调味成分，将其放入40℃的温水里搅拌后发酵的话，会散发出显著的香气与辣味，辛辣芳香，对口舌有强烈刺激，味道十分独特。芥末在冷菜、荤素原料中皆可使用，可用作泡菜、腌渍生肉或拌沙拉时的调味品；可与生抽一起使用，充当生鱼片的美味调料；放入盐、白糖、醋后做成芥末酱，可以用于做芥末丝或凉茶。

✿ 豆豉

豆豉是以大豆、盐、香料为主要原料，经选择、浸渍、蒸煮，用少量面粉拌和，并加 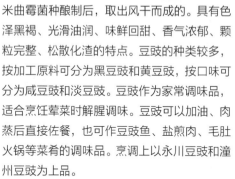 米曲霉菌种酿制后，取出风干而成的。具有色泽黑褐、光滑油润、味鲜回甜、香气浓郁、颗粒完整、松散化渣的特点。豆豉的种类较多，按加工原料可分为黑豆豉和黄豆豉，按口味可分为咸豆豉和淡豆豉。豆豉作为家常调味品，适合烹饪荤菜时解腥调味。豆豉可以加油、肉蒸后直接佐餐，也可作豆豉鱼、盐煎肉、毛肚火锅等菜肴的调味品。烹调上以永川豆豉和潼州豆豉为上品。

✿ 咖喱

咖喱的主要成分是姜黄粉、川花椒、八角、胡椒、桂皮、丁香和香菜籽等含有辣味  的香料，其能促进唾液和胃液的分泌，增加胃肠蠕动，增进食欲；能促进血液循环，达到发汗的目的。咖喱的种类很多，以国家来分，印度、斯里兰卡、泰国、新加坡、马来西亚等地所产的咖喱各有所不同；以颜色来分，有红、青、黄、白之别。根据配料细节上的不同来区分种类口味的咖喱有十多种之多，这些迥异不同的香料汇集在一起，就能够构成咖喱的各种令人意想不到的浓郁香味。

✿ 味噌

味噌是由发酵过的大豆制成，主要为糊状，是一种调味料，也被用作为汤底，其以营养丰富、味道独特而风靡日本。味噌的种类繁多，大致上可分为米曲制成的"米味噌"、麦曲制成的"麦味噌"、豆曲制成的"豆味噌"等。味噌的用途相当广泛，可依个人喜好将不同种类的味噌混拌，添加入各式料理中。除了人们最熟悉的味噌汤外，举凡腌渍小菜、凉拌菜的淋酱、火锅汤底、各式烧烤及炖煮料理等，都可以用到味噌。

汤味宜人

中国人煲汤的手段花样繁多，其配料、制法、火候、口味也各具特色。煲一手好汤看似简单，实则博大精深，是一门颇见功底的学问。生活中偶有闲情时，人们常常煲汤犒劳自己和家人，下面将为你介绍一些简单的煲汤方法。

素汤的制法

素汤的制作不用荤料，纯用净素原料，最忌鲜味不足、口感寡淡。素汤有浓汤、清汤之分，可选原料主要有黄豆芽、香菇、蘑菇、鲜笋等。黄豆芽、香菇一般用以制浓汤，笋和蘑菇一般用以制清汤。简单来说，浓汤的制法是用油爆炒材料后，加水用旺火焖；清汤的制法是材料入锅后，加水用大火烧开，然后改用小火慢炖。

上汤的制法

上汤又叫顶汤，它是以一般清汤为基汁，进一步提炼精制而成。人们先用纱布将已制成的一般清汤过滤，除去渣状物，将鸡腿肉去皮，斩成块状，加葱、姜、黄酒及适量的清水泡一泡，浸出血水，再投入已过滤好的清汤中，上旺火加热，同时用手勺不断同向搅转。待汤将沸时，立即改用小火（不能使汤翻滚），使汤中的悬浮物被吸附在鸡茸上，并用手勺将鸡茸除净，即成了极为澄清的鲜汤，而这一过程被称为"吊汤"。

老汤的制法

所谓老汤，是指使用多年的卤煮禽、肉的汤汁，时间越长，内含营养成分、芳香物质越丰富，煮制出的肉食风味愈美。任何老汤都是日积月累所得，并且都是从第一锅汤来的，家庭制老汤也不例外。

第一锅汤，也就是炖煮鸡、排骨或猪肉而成的汤汁，除熬汤的主料外，还应该加上花椒、大料、胡椒、肉桂、砂仁、豆、丁香、陈皮、草果、小茴香、山奈、白蓝、桂皮、鲜姜、盐、白糖等调料。调料的数量依主料的多少而定，不易拣出的调料要用纱布包好。将主料切小、洗净，放入锅内，加上调料，添上清水（略多于正常量），煮熟主料后，将肉食捞出食用，拣出调料，捞净杂质所得的汤汁即为老汤的初成品，将汤盛于带盖的搪瓷缸内，晾凉后放入冰箱内保存。

第二次炖鸡、肉或排骨时，取出汤汁倒在锅中，放主料加上述调料（用量减半），再添适量清水（水量依老汤的多少而定，但总量要略多于正常量）。炖熟主料后，再依上述方法留取汤汁即可。如此反复，就可得到老汤了。老汤既可炖肉，亦可炖鸡，反复使用多次后，炖出的肉食味道极美，且炖鸡有肉香，炖肉有鸡味，妙不可言。

● 搪瓷材质的容器不会与汤汁发生化学反应，再以塑料袋密封冷藏，可保存5天而不会变质。若长时间不用老汤，冷冻室内可保存3周，否则应煮沸杀菌后再继续保存。

高汤的制法

　　高汤是烹饪中常用的一种辅助原料，可在烹制其他菜肴时，代替水加入到菜肴或汤羹中，用于提鲜。高汤选用的材料主要有猪骨、鸡骨和鱼骨等，制作虽然简单，它却能让你做的菜肴滋味更鲜美，营养更丰富。

大骨高汤

材料：

猪大骨 500 克，水 2000 毫升

做法：

❶ 将猪大骨用清水洗净。

❷ 锅中加水烧开，放入猪大骨，汆去血水后用清水洗净，再和 2000 毫升的水一起煮沸。

❸ 边煮边用滤网捞除汤面浮沫，再转小火熬煮至汤色变浓，约需 1 小时（若能熬煮 3 ~ 4 小时，可释放更多营养素）。

❹ 取出猪大骨，再利用网筛过滤出汤汁。

❺ 等汤汁凉后放入冰箱冷藏 1 ~ 2 小时，等表面凝结后，刮除油脂。

❻ 将汤汁倒入制冰盒中，放入冰箱，使之凝固成小块状，再放入夹链袋中保存即可。

鸡骨高汤

材料：

鸡胸骨 400 克，水 1500 毫升

做法：

❶ 鸡胸骨洗净，用沸水汆去血污，再洗净备用。

❷ 将鸡胸骨和 1500 毫升水一起煮沸，再转小火熬煮至鸡骨用汤匙即可压碎的程度。

❸ 取出鸡胸骨，过滤出汤汁，待凉后放入冰箱冷却 1 ~ 2 小时后取出，将上面的油脂刮除后即成。

鲜鱼高汤

材料：

鱼头1个（约200克），姜片1小片，水600毫升

做法：

❶ 鱼头洗净，加水和姜片一起煮滚后转小火，再熬1小时煮至鱼骨能轻易用筷子剥开的程度。

❷ 等汤汁稍凉后，用细网筛过滤2次后即成。

蔬菜猪骨高汤

材料：

排骨300克，干香菇6朵，洋葱1/2个，水1500毫升

做法：

❶ 排骨洗净，用沸水汆烫去血污，洗净备用。

❷ 干香菇泡水至软；洋葱洗净备用。

❸ 将所有材料一起放入清水锅中以大火煮沸，转小火，熬煮至汤汁呈琥珀色，再用滤网过滤出汤汁即成。

牛肉高汤

材料：

牛肉400克，蒜适量，老抽、料酒各15毫升

做法：

❶ 将牛肉洗净；蒜去皮洗净，拍碎。

❷ 将牛肉放入沸水锅中汆去血水，捞出洗净切成小块备用。

❸ 锅中加油烧热，下入蒜炒香，倒入牛肉煸炒片刻，加入料酒和老抽翻炒均匀，注入适量清水烧开，捞出牛肉即成。

蔬菜高汤

材料：

包菜叶2片，胡萝卜50克，洋葱1/2个，水500毫升

做法：

❶ 包菜叶洗净，撕成小片，先用热水汆烫过备用。

❷ 胡萝卜、洋葱分别洗净后切小块，和包菜叶一起放入水中，用中火熬煮至胡萝卜变软，再过滤出蔬菜即成。

第 1 章

凉拌好清鲜

在一顿饭开席之时，总会先摆上几道可口的凉拌菜，它们是盛宴的前奏，是厨师们屡试不爽的"开路先锋"。凉拌菜是活跃在餐桌上的精灵，质朴却不失精致，淡雅中更添多情，或鲜嫩，或脆爽，让人心旷神怡，带给你口感与味觉上的双重享受。

芹菜拌腐竹

🕐 4分钟　　✕ 开胃消食

⬛ 辣　　🙂 女性

中国人素来对豆制品有着特殊的偏爱。人们将豆浆煮沸，收集其表层凝固的薄膜，经干燥后便能获取一种崭新的食材，即腐竹。腐竹含有丰富的蛋白质，这道菜将西芹、红椒的清香气息小心地揉进纯纯的豆香中，脆嫩鲜香，就这样温柔地俘获了你的心。

材料

西芹	100克
水发腐竹	200克
红椒	20克

调料

盐	2克
味精	1克
生抽	3毫升
陈醋	2毫升
芝麻油	适量
辣椒酱	适量
辣椒油	适量
花椒油	适量

食材处理

① 将泡发好的腐竹切成约 3 厘米长的段。

② 将洗净的西芹切斜片。

③ 将洗好的红椒对半切开，去籽，切斜片。

做法演示

① 锅中入清水烧开，入腐竹，大火煮约 1 分钟。

② 倒入西芹，拌匀，继续煮约半分钟。

③ 加入红椒片，煮片刻至熟。

④ 将煮熟的材料捞出来。

⑤ 沥干后装入碗中。

⑥ 碗中加入盐、味精、生抽。

⑦ 淋入陈醋、芝麻油、辣椒酱。

⑧ 用筷子充分拌匀，使其入味。

⑨ 淋入少许辣椒油、花椒油，拌匀。

⑩ 将拌好的材料倒入盘中。

⑪ 摆好盘即成。

食物相宜

增强免疫力

芹菜

+

牛肉

美容养颜，抗衰老

芹菜

+

核桃

凉拌山药

🕐 2分钟　　✖ 开胃消食

🗂 鲜　　　　😊 一般人群

　　对于山药，人们常常采用蒸的方式烹调，甜绵糯软，殊不知改以凉拌，其风味便别具一格。这道菜将山药切丝后焯水至熟，一根根山药丝挺直、白亮、口感细嫩、脆爽，拌上多种调味品，集鲜、辣、甜、咸于一身，是营养又丰富、操作方便的开胃凉菜。

材料		调料	
山药	200克	盐	3克
红椒	10克	白糖	10克
蒜末	5克	白醋	10毫升
葱花	5克	芝麻油	适量

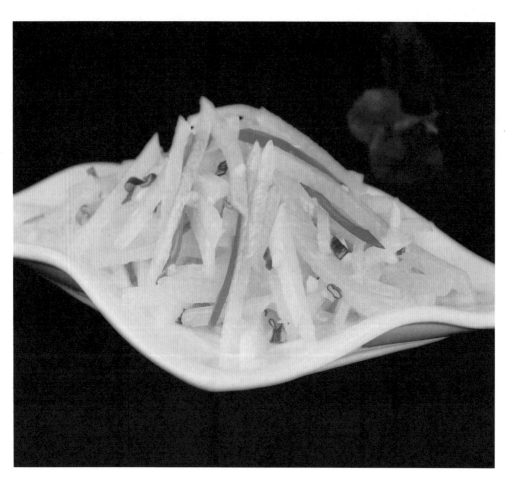

❶ 把去皮洗净的山药切片，切成丝。

❷ 将红椒洗净切成丝。

❸ 锅中加约 1000 毫升清水烧开，加盐、白醋。

❹ 倒入山药拌匀，煮约 1 分钟至熟。

❺ 将煮好的山药捞出，沥干水分。

做法演示

❶ 将沥干后的山药放入碗中。

❷ 放入蒜末、葱花、红椒丝。

❸ 加入盐和白糖。

❹ 用筷子搅拌至入味。

❺ 淋入少许芝麻油搅拌均匀。

❻ 盛入盘中，装好盘即可食用。

食物相宜

补血养颜

山药

红枣

预防骨质疏松

山药

芝麻

制作指导

✪ 山药去皮切块后，要依照每次的食用量用塑胶袋分装，并及时放入冰箱里急速冷冻。

✪ 烹调山药时不需要解冻，直接烹饪即可。

香菜拌竹笋

⏰ 2分钟　　✖ 开胃消食

🌶 辣　　☺ 老年人

　　中国人自古便对竹笋青睐有加，人们将其采集后，剥去笋壳，便会露出鲜嫩的肉质，用来凉拌、煎炒、煲汤均属上品。这种山珍素食低脂肪、低热量，口感脆嫩鲜香，再配以香菜、红椒凉拌，香辣开胃，看似小菜一碟，却将营养、健康、美味集于一身。

材料		调料	
竹笋	300 克	盐	3 克
香菜	20 克	鸡精	1 克
红椒	20 克	辣椒油	10 毫升
		食用油	适量
		芝麻油	适量

食材处理

❶ 将洗净的香菜切 2 厘米长的段。

❷ 将洗净的红椒切开，去籽，切成段，再切成丝。

❸ 将洗净的竹笋切 3 厘米长的段。

❹ 锅中加入约 800 毫升清水烧开，倒入竹笋。

❺ 加少许食用油、盐，煮约 2 分钟至熟。

❻ 将煮好的竹笋捞出来。

做法演示

❶ 将煮好的竹笋盛入碗中，加入少许盐、鸡精。

❷ 倒入切好的红椒丝。

❸ 加入装好备用的香菜。

❹ 淋入适量的辣椒油、芝麻油。

❺ 用筷子拌匀。

❻ 将拌好的材料装盘即可。

食物相宜

辅助治疗肺热痰火

竹笋

莴笋

辅助治疗小儿麻痹

竹笋

鲫鱼

制作指导

✪ 竹笋在食用前应先焯水，以去除笋中的草酸。

✪ 近笋尖部的地方宜顺切，下部宜横切，这样烹制时不但易熟烂，而且更易入味。

凉拌紫甘蓝

⏱ 5分钟　　✗ 开胃消食
🧂 清淡　　☺ 一般人群

　　紫甘蓝标志性的紫红色叶片特别讨人喜欢，吃起来又滋味鲜甜。它能为人体提供丰富的维生素和膳食纤维，若要最大化利用其营养价值，以生食为佳。这道菜在焯水时稍加几滴白醋，再以少许盐腌渍片刻，艳丽的色泽、爽脆的口感绝对会让你惊叹不已。

材料		调料	
紫甘蓝	600克	盐	3克
胡萝卜丝	30克	鸡精	适量
青椒圈	30克	白醋	适量
蒜末	30克	芝麻油	适量
		食用油	少许

❶ 将洗净的紫甘蓝切开，切成丝。

❷ 锅中加约 1500 毫升清水烧开，加少许白醋、食用油。

❸ 倒入紫甘蓝、胡萝卜丝。

❹ 焯煮约 1 分钟至熟，捞出。

❺ 将焯熟的紫甘蓝、胡萝卜丝装入碗中。

❻ 加入蒜末、青椒圈，再加入盐、鸡精。

❼ 用筷子充分拌匀至盐溶解。

❽ 淋入少许芝麻油拌匀。

❾ 装入盘中即可。

制作指导

- 紫甘蓝先用盐揉搓，然后腌渍 5 ~ 10 分钟，再焯水，挤去水分，口感会变得更加爽脆。
- 如果喜欢麻辣的口味，可以加入花椒油。
- 焯水的时候，在水中加几滴白醋，能令紫甘蓝保持紫红色。
- 优质的紫甘蓝叶球干爽，鲜嫩有光泽，结球紧实、均匀，不破裂。球面干净，无病虫害，无枯烂叶，带带有 3 ~ 4 片外包青叶；质量差的紫甘蓝结球不紧实，有机械伤，外包叶变黄或有虫咬叶。

益气生津

紫甘蓝

+

西红柿

补充营养，通便

紫甘蓝

+

猪肉

养生常识

★ 紫甘蓝含有丰富的硫元素，这种元素的主要作用是杀虫止痒，对于各种皮肤瘙痒、湿疹等具有一定疗效，经常吃这类蔬菜对于维护皮肤健康十分有益。

皮蛋拌豆腐

🕐 2分钟　　✖ 开胃消食
🔥 清淡　　　☺ 一般人群

　　提及凉拌小菜，皮蛋和豆腐绝对是一对有着鲜明中国风的美食搭档。这道皮蛋拌豆腐，在制作前先将皮蛋以热水煮熟，凝固的蛋黄便少了恼人的黏腻感，与豆腐相得益彰，软嫩鲜滑的口感与浓郁的风味更胜从前。平民美食稍加装饰，也能登上大雅之堂。

材料		调料	
熟皮蛋	1个	盐	3克
豆腐	200克	生抽	3毫升
葱花	2克	味精	5克
		芝麻油	适量

食材处理

❶ 锅中入清水烧热，入豆腐，煮约2分钟。

❷ 将煮好的豆腐捞出来。

❸ 将豆腐切成小方块儿。

❹ 装入碗中，备用。

❺ 把已煮熟去皮的皮蛋切开，改切成丁。

做法演示

❶ 将切好的豆腐、皮蛋装入碗中。

❷ 加入盐、味精、生抽，用筷子拌匀。

❸ 倒入备好的葱花，拌匀。

❹ 淋入少许芝麻油，用筷子拌匀。

❺ 将拌好的材料倒入盘中即可。

食物相宜

降血脂、降血压

豆腐

+

香菇

健脾养胃

豆腐

+

西红柿

制作指导

✪ 优质的皮蛋整个蛋凝固、不粘壳、清洁有弹性，呈半透明棕黄色，有松花纹理；将蛋纵剖，蛋黄呈浅褐或浅黄色，中心较稀。劣质皮蛋有刺鼻恶臭味或霉味。

豆角香干

🕐 2 分钟　　✖ 开胃消食
🔻 鲜　　😊 女性

　　厌倦了每天的油腻厚味，适当来点儿凉拌菜换换口味吧，它能帮助你的味蕾渐渐苏醒过来。这道豆角香干糅合了豆角的脆嫩与香干的鲜香，以热水焯过后，颜色愈发明快，且最大限度地保留了食材的鲜嫩特征，清淡适口，带给你爽口、舒心的味觉体验。

材料

香干	300 克
豆角	200 克
蒜末	5 克

调料

盐	3 克
味精	3 克
生抽	3 毫升
食用油	适量
芝麻油	适量

食材处理

❶ 将处理好的豆角切成 3 厘米长的段。

❷ 将香干切成条。

❸ 锅中入清水烧开，加少许食用油，加盐。

❹ 倒入香干，煮约 2 分钟至熟。

❺ 将煮好的香干捞出来。

❻ 倒入豆角，煮约 2 分钟至熟。

做法演示

❶ 将煮好的豆角捞出来。

❷ 盛入碗中，加入焯过水的香干。

❸ 倒入准备好的蒜末。

❹ 加入适量的盐、味精。

❺ 加入少许芝麻油、生抽。

❻ 用筷子拌匀，装盘即可。

食物相宜

防治高血压

豆角

＋

蒜

健脾润燥

豆角

＋

猪肉

制作指导

- 焯水时加入少许盐和色拉油，可以使豆角颜色更翠绿鲜艳。
- 豆角焯水后放入凉水中稍微浸泡，口感会更加脆爽。

养生常识

★ 豆角性甘、淡、微温，化湿而不燥烈，健脾而不滞腻，为脾虚湿停常用之品。豆角有调和脏腑、安养精神、益气健脾、消暑化湿和利水消肿的作用，主治脾虚兼湿、湿浊下注、妇女带下过多、暑湿伤中、吐泻转筋等病症。

糖醋黄瓜

🕐 2分钟		⚔ 开胃消食	
🧂 酸甜		☺ 女性	

　　糖醋味是餐桌上颇为常见的经典调味方法，当糖与醋相遇时，灵动的酸味总能让沉稳的甜味变得顽皮起来，浓郁的香气与滋味也应运而生。这道菜巧妙地借助糖醋味的特征来搭配黄瓜的鲜，让带皮去瓤的黄瓜口感格外脆嫩，酸甜可口，是炎热夏季绝佳的凉拌之选。

材料

黄瓜	200 克
彩椒片	适量
姜片	5 克

调料

盐	2 克
白糖	5 克
白醋	适量

食材处理

❶ 将洗净的黄瓜对半切开，切去瓜瓤。

❷ 改切成菱形块。

做法演示

❶ 把切好的黄瓜装入碗中。

❷ 加入少许盐、白糖。

❸ 加入适量的白醋。

❹ 倒入准备好的彩椒片和姜片。

❺ 用筷子充分拌匀。

❻ 摆盘即成。

制作指导

❂ 黄瓜皮营养丰富，吃黄瓜时应当保留。为了预防黄瓜皮残留的药物对人体造成危害，可以在生食或者烹饪前，将黄瓜浸泡在盐水中。需要注意的是，浸泡黄瓜时，不应该把头部和根部去掉，以免营养流失。

❂ 黄瓜的头部含有较多苦味素，苦味素可刺激消化液的分泌，使人胃口大开。苦味素还有健胃、清肝利胆和安神的功能，而且可以预防流感。故建议食用黄瓜时不要弃掉其头部。

食物相宜

增强免疫力

黄瓜

+

鱿鱼

排毒瘦身

黄瓜

+

蒜

生拌莴笋

⏱ 2分钟　❌ 降压降糖
🧂 清淡　☺ 高血压患者

　　春天是吃莴笋的季节，莴笋的茎叶皆可食用，脆嫩的肉质切开后透过光，会有着格外诱人的淡绿色泽。莴笋含有丰富的钾及多种营养成分，采用生拌的方法能让这些营养成分得以较好地保留。这道菜口感爽脆，清淡鲜香，简单的制作方法最易上手。

材料		调料	
莴笋	200 克	盐	3 克
胡萝卜丝	10 克	鸡精	3 克
		白醋	5 毫升
		辣椒油	适量
		芝麻油	适量

做法演示

❶ 将去皮洗净的莴笋切成细丝。

❷ 将莴笋丝装入碗中。

❸ 倒入胡萝卜丝。

❹ 加入盐、鸡精。

❺ 用筷子搅拌均匀。

❻ 淋入辣椒油、白醋。

❼ 搅拌至入味。

❽ 倒入芝麻油拌匀至入味。

❾ 将拌好的莴笋丝装盘即可。

制作指导

❂ 挑选莴笋时，要挑选叶绿、根茎粗壮、无腐烂疤痕的新鲜莴笋。

❂ 莴笋不宜保存过久，建议现买现食。

❂ 烹饪莴笋的时候要少放盐，否则会影响口感。

❂ 莴笋丝焯水时一定要注意时间和温度，焯的时间过长、温度过高会使莴笋丝变得绵软。

养生常识

★ 莴笋中无机盐、维生素含量较丰富，尤其是含有较多的烟酸。莴笋中还含有一定量的微量元素锌、铁，钾离子也含量丰富，是钠盐含量的 27 倍，有利于调节体内盐的平衡。

★ 过量或经常食用莴笋，会导致夜盲症或诱发其他眼疾，不过只需停食莴笋，几天后就会好转。

★ 食用莴笋能改善消化系统和肝脏功能，对风湿性疾病有很好的疗效。

食物相宜

利尿通便
降脂降压

莴笋

＋

香菇

补虚强身
丰肌泽肤

莴笋

＋

猪肉

通便排毒

莴笋

＋

鸡肉

红椒拌莴笋黄瓜丝

🕐 5分钟		⚔ 降压降糖	
⚖ 辣		😊 糖尿病患者	

　　莴笋与黄瓜在口感上非常接近，清爽、脆嫩，带有淡淡的香气，稍加调味、凉拌即可，呈现出纯正的自然风味。这道小菜将莴笋、黄瓜、红椒三种脆嫩的食材合于一盘，红椒的鲜辣味更有点睛的效果，清香脆爽，让人食欲大开。

材料

莴笋	100克
黄瓜	150克
红椒	25克
蒜末	5克
葱花	5克

调料

盐	3克
味精	3克
陈醋	3毫升
辣椒油	适量
芝麻油	适量

食材处理

❶ 将洗净的黄瓜切片,再切成丝。

❷ 将去皮洗净的莴笋切片,再切成丝。

❸ 将洗净的红椒切段,切开去籽,切成丝。

做法演示

❶ 锅中加约 1500 毫升清水烧开,倒入莴笋拌匀。

❷ 焯片刻后捞出。

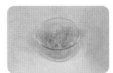
❸ 将焯好的莴笋丝装入碗中。

❹ 放入黄瓜丝、红椒丝。

❺ 再加入盐、味精、蒜末。

❻ 用筷子充分拌匀。

❼ 倒入陈醋、辣椒油。

❽ 快速拌匀。

❾ 加入葱花、芝麻油。

❿ 拌一会儿,使其入味。

⓫ 将拌好的莴笋黄瓜丝装入盘中即可。

食物相宜

防治高血压、糖尿病

莴笋

＋

蒜苗

清热解毒

莴笋

＋

鸡肉

养生常识

★ 莴笋有增进食欲、刺激消化液分泌、促进胃肠蠕动等功能。对于高血压、心脏病等患者,具有促进利尿、降低血压、预防心律失常的作用。

莴笋拌西红柿

- 🕐 6分钟
- 🔪 降压降糖
- 🅰 清淡
- 😊 高血压患者

　　每个人都有着自己所偏爱的口味，如果你喜欢素净、新鲜的感觉，那么这道莴笋拌西红柿一定能满足你。清爽、脆嫩的莴笋与滋味酸甜的西红柿切成小块后拌在一起，色美味鲜，满盘的艳红嫩绿，有如一阵早春的清新之风迎面拂来。

材料

莴笋	150 克
西红柿	200 克
蒜末	5 克
葱花	5 克

调料

| 盐 | 3 克 |
| 白糖 | 2 克 |

❶ 将去皮洗净的莴笋切条，改切成小块儿。

❷ 锅中加入约 2000 毫升清水，大火烧开。

❸ 放入西红柿，烫煮约 1 分钟至皮变软。

❹ 捞出烫煮过的西红柿。

❺ 把莴笋倒入锅中，煮约 2 分钟至熟。

❻ 将莴笋捞出，沥干水分备用。

❼ 将煮过的西红柿，剥去外皮。

❽ 将西红柿切成瓣，再切成小块。

❾ 取一个干净的碗，倒入莴笋、西红柿。

❿ 倒入蒜末、葱花。

⓫ 加入盐、白糖。

⓬ 用筷子拌匀入味。

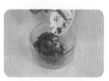
⓭ 将拌好的材料倒入盘中。

⓮ 装好盘即可食用。

制作指导

✪ 烹饪莴笋的时候要少放盐，否则会影响口感。

降压降脂

西红柿

+

菜花

健脾养胃

西红柿

+

豆腐

养生常识

★ 莴笋含糖量低，烟酸含量较高。烟酸被视为胰岛素的激活剂，因此，莴笋很适合糖尿病患者食用。莴笋还含有少量的碘元素，碘对人的情绪调节有重大影响。

香油玉米

🕐 5分钟　　✖ 降压降糖
🔺 鲜　　　　😊 老年人

　　时常选择一些粗粮来入菜调剂，能让营养摄入更均衡，人的身体自然也就更健康。这道菜便是另觅蹊径，将鲜嫩、香甜的玉米加以调味凉拌，如能加入少许白醋，胡萝卜、青椒的口感会更脆，风味更佳，在入口的一瞬间，便牢牢抓住你的胃。

材料		调料	
鲜玉米粒	200克	盐	3克
青椒	20克	鸡精	适量
胡萝卜	50克	芝麻油	适量
		食用油	适量

食材处理

❶ 将去皮洗净的胡萝卜切成条，再切成丁。

❷ 将洗净的青椒切开，去籽，切成丁。

做法演示

❶ 锅中加水烧开，加入盐，倒入少许食用油。

❷ 放入玉米粒、胡萝卜煮沸。

❸ 倒入青椒，搅拌均匀，煮约3分钟至熟。

❹ 将煮好的材料捞出，装入碗中。

❺ 加入盐、鸡精。

❻ 加入少许芝麻油。

❼ 用筷子拌匀，使其入味。

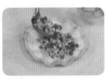

❽ 将拌好的材料装入盘中即可。

制作指导

✪ 玉米烹煮的方式有两种。选用鲜玉米粒时，要先焯水后大火翻炒，可保持其鲜嫩口感。若选用玉米棒，则煮的时间要适当长一些，因为煮得越久，里面所含的抗衰老的物质就释放得越多。

食物相宜

健脾益胃，助消化

玉米

菜花

健胃消食，清暑热

玉米

梨

养生常识

★ 玉米中含有大量镁，镁可加强肠壁蠕动，促进机体废物的排泄。

凉拌西红柿

🕐	2分钟	✖	开胃消食
🅰	甜	☺	一般人群

西红柿色泽鲜艳、酸甜可口，富含多种维生素和矿物质，是夏季百姓餐桌上的凉拌常客。凉拌西红柿的做法非常简单，在切开的西红柿上撒上白糖，一片红艳之上莹白点点，"火山下雪"的美称更是独具意境，是夏日里开胃消食、消暑解渴的佳品。

材料

西红柿　　100 克

调料

白糖　　20 克

 ❶ 在锅中加适量水烧开。

 ❷ 放入西红柿，烫约半分钟。

 ❸ 捞出西红柿，装入碗中，稍放凉。

 ❹ 将西红柿剥去皮。

 ❺ 切成小块。

做法演示

 ❶ 西红柿加入白糖，拌匀，使白糖溶化。

 ❷ 将拌好的西红柿夹入另一盘中。

 ❸ 撒上少许白糖即可。

制作指导

❀ 要选用颜色粉红，表皮有白色小点点的西红柿，而且果蒂部位一定要圆润。

❀ 白糖不要放得太多，以免过甜，反而掩盖了西红柿本身的鲜甜味道。

❀ 拌制西红柿时，应尽量顺着一个方向充分拌匀，以保证成品口感均匀。

❀ 不宜吃未成熟的青色西红柿，因其含有毒的龙葵碱，多吃易出现头晕、恶心、周身不适、呕吐及全身疲乏等症状。

食物相宜

补血养颜

西红柿

+

蜂蜜

抗衰防老

西红柿

+

鸡蛋

养生常识

★ 西红柿适合热病发热、口渴、高血压、肝炎、肾炎患者食用。

★ 不宜空腹吃西红柿，因为空腹时胃酸分泌量增多，西红柿所含的化学物质与胃酸结合易形成不溶于水的块状物，食之往往会引起腹痛，造成胃不适、胃胀痛。

凉拌金针菇

⏰ 4分钟	✂ 防癌抗癌
🧂 清淡	😊 老年人

　　凉拌金针菇也是一道常见的快手凉拌菜。红白相间的颜色搭配煞是好看，夹一口放入嘴里，金针菇、红椒丝脆嫩的咀嚼声还未结束，淡淡的香气已在唇齿间弥漫开来。这道菜清淡爽口，微微的辣味中藏着一点点甜，带给你与众不同的味觉体验。

材料		调料	
金针菇	350克	盐	3克
红椒	15克	白糖	3克
蒜末	5克	辣椒油	适量
葱花	5克	芝麻油	适量
		食用油	适量

食材处理

❶ 将金针菇洗净，切去老茎。

❷ 将红椒去籽，切段，切成丝。

做法演示

❶ 锅中加约 1500 毫升清水烧开，加少许食用油。

❷ 倒入已洗净切好的金针菇，煮约 1 分钟至熟。

❸ 将金针菇捞出沥干水分，装入碗中备用。

❹ 放入备好的红椒丝、蒜末。

❺ 加入辣椒油、盐。

❻ 加入白糖、芝麻油拌匀。

❼ 倒入备好的葱花。

❽ 用筷子搅拌均匀。

❾ 将拌好的金针菇盛出装盘即可。

制作指导

✪ 要选用颜色鲜艳、有光泽、没有腐烂变质的金针菇。

✪ 拌制金针菇时要尽量顺着一个方向搅拌，且搅拌要充分，以保证成品口感均匀。

养生常识

★ 金针菇适合气血不足、营养不良的老人、儿童、癌症患者，肝脏病及胃、肠道溃疡，心脑血管疾病患者食用。

★ 脾胃虚寒者不宜多食金针菇。

食物相宜

降脂降压

金针菇

豆腐

增强免疫力

金针菇

西蓝花

清热解毒

金针菇

豆芽

凉拌苤蓝

⏰ 4分钟　　🔪 防癌抗癌

🔺 辣　　😊 肠胃病患者

　　苤蓝是一种由地中海沿岸地区引进的蔬菜品种，其肉质的球茎洁白、脆嫩，带有淡淡的甜香，非常适合凉拌鲜食。这道菜将苤蓝切成细丝，快速焯煮后口感格外爽脆，再以多种辅料和调味品来调味增香，鲜香微辣，中西合璧的吃法别具风情。

材料		调料	
苤蓝	400克	盐	3克
蒜末	5克	鸡精	3克
芹菜末	10克	陈醋	3毫升
青椒丝	20克	食用油	适量
红椒丝	20克	辣椒油	适量
		芝麻油	适量

❶ 将洗净的苤蓝去皮，切片，切成丝。

❷ 锅中加水烧开，加盐、油拌匀，倒入苤蓝丝搅匀。

❸ 煮约1分钟至熟后，捞出沥干水分。

❹ 将煮好的苤蓝装入碗中。

❺ 加入蒜末、芹菜末、青椒丝、红椒丝。

❻ 加入盐、鸡精。

❼ 淋入适量陈醋、辣椒油。

❽ 用筷子充分拌匀。

❾ 淋入少许芝麻油。

❿ 再拌一会儿，使其入味。

⓫ 将拌好的苤蓝装入盘中即可。

益气补血

苤蓝

+

牛肉

降低血压

苤蓝

+

芹菜

润肠通便
润肤美容

苤蓝

+

腰果

制作指导

- ✪ 要选用新鲜、外观紧实、没有裂痕的苤蓝。
- ✪ 苤蓝丝不要切得太粗，以免不够入味；也不要太细，以免影响其脆嫩口感。
- ✪ 辣椒油依个人口味添加，不要过多，以免掩盖苤蓝本身的味道。

养生常识

- ★ 苤蓝较适合高血压、动脉硬化患者及缺铁性贫血患者、经期妇女食用。
- ★ 脾胃虚寒者、肠滑不固者，食道炎、咳喘、咽喉肿痛、痔疮患者不宜食用苤蓝。

凉拌荷兰豆

🕐 2分钟　　✖ 防癌抗癌
🧂 辣　　　　☺ 女性

　　春季荷兰豆刚刚上市，这种以鲜嫩为上的蔬菜有着格外脆嫩的口感，伴着新鲜的豆香味，几乎不需额外修饰便非常迷人。北方人爱将其凉拌，翠色欲滴的豆荚间点缀着几根红椒丝，淡雅而别致，吃起来也清脆爽口、滋味鲜甜，若拌入少许辣椒油则风味更佳。

材料		调料	
荷兰豆	200克	盐	3克
红椒	20克	鸡精	2克
		食用油	适量
		芝麻油	适量

食材处理

❶ 将红椒切开，去籽，切成丝。

❷ 锅中加水烧开，加适量食用油，倒入洗净的荷兰豆。

❸ 煮约2分钟至熟后，捞出沥干。

做法演示

❶ 将煮好的荷兰豆盛入碗中。

❷ 加入盐、鸡精、芝麻油。

❸ 倒入红椒丝。

❹ 用筷子搅拌均匀。

❺ 将拌好的材料放入盘中。

❻ 装好盘即可。

制作指导

✪ 荷兰豆捞出后，放入凉水中可避免变黄，还有利于快炒时与各种材料同时快熟，保持脆嫩清爽口感。

✪ 要选用新鲜、翠绿的荷兰豆，不宜选用过老的荷兰豆。

✪ 荷兰豆烹饪前要去除头尾，并把老筋去除，以保证成品的口感。

✪ 拌制荷兰豆时加入少许辣椒油，可使菜品味道更好。

养生常识

★ 荷兰豆适合脾胃虚弱、小腹胀满、呕吐泻痢、产后乳汁不下、烦热口渴者食用。

★ 儿童宜多食荷兰豆，可以增强身体的免疫力。

★ 腐烂变质的荷兰豆不要食用，以免引起中毒。

★ 荷兰豆要煮熟，否则易引起中毒。

食物相宜

开胃消食

荷兰豆

蘑菇

健脾，通乳，利水

荷兰豆

红糖

促进食欲

荷兰豆

鸡肉

第 2 章

素味轻松炒

对于平素里吃惯了肉食的我们来说，清鲜、爽脆的素味，于健康，于味觉，都是非常必要的补充。而且料理素菜，依着食材的天然"清"味的个性就行，不必像烹肉食那样繁复。只要食材新鲜、干净，基本地改刀，简单地搭配、调味，就能做出一道美味的菜肴。

香菇炒茭白

🕐 3分钟		✖ 增强免疫力	
⬜ 清淡		☺ 一般人群	

茭白是一种古老的水生蔬菜，其种子菰米最初名列"六谷"之一，后来人们取其细嫩的茎部入菜，滋味鲜美，在我国江南地区尽人皆知、远近闻名。茭白含有多种营养成分，搭配鲜美的香菇，是很多人心中的至爱，即便是纯素清炒，也能让你感受到浓浓的鲜味。

材料		调料	
茭白	200克	盐	3克
鲜香菇	20克	鸡精	1克
葱	5克	芝麻油	适量
胡萝卜片	20克	水淀粉	适量
		食用油	适量

食材处理

❶ 将已去皮洗净的茭白切片。

❷ 将洗好的鲜香菇切成片。

❸ 将洗好的葱切成段。

做法演示

❶ 热锅注油，放入茭白、香菇、胡萝卜片，翻炒 1 分钟。

❷ 加入少许盐。

❸ 加入鸡精炒至熟透。

❹ 加入少许水淀粉炒匀，淋入芝麻油，拌匀。

❺ 撒入葱段炒匀。

❻ 将炒好的香菇茭白盛入盘内即成。

制作指导

- 泡发香菇时，如果用开水或是加糖浸泡，会使香菇中的水溶性成分，如珍贵的多糖、优良的氨基酸等大量溶解于水中，破坏香菇的营养。

- 巧洗香菇：把香菇倒在盆内，用约 60℃的温水浸泡 1 小时。用手将盆中的水朝一个方向搅约 5 分钟，让香菇的瓣慢慢张开，沙粒便会随之徐徐落下，沉入盆底。然后，轻轻地将香菇捞出并用清水冲净，即可烹食。

食物相宜

美容养颜

茭白

鸡蛋

降低血压

茭白

+

芹菜

养生常识

★ 香菇中所含的有效成分可预防血管硬化，降低血压。

油麦菜豆腐丝

- 🕐 3分钟
- ⬛ 清淡
- ✖ 增强免疫力
- ☺ 儿童

　　豆腐丝是中国人喜爱的传统豆制品，色泽乳黄，香气浓郁，也被称为"云丝"，旧时河北高碑店的豆腐丝甚至还作为贡品跻身皇室的菜单中。这道菜豆腐丝柔韧而有弹性，搭配脆嫩的油麦菜，口味清淡，带有独特的清香气，营养、素食、美味一个都不少。

材料

油麦菜	200 克
豆皮	50 克
红椒丝	20 克
蒜末	5 克

调料

盐	3 克
味精	2 克
白糖	2 克
水淀粉	25 毫升
食用油	适量

食材处理

❶ 将洗净的油麦菜切成段。

❷ 将洗净的豆皮切成细丝。

做法演示

❶ 热锅注油，倒入红椒丝、蒜末和油麦菜。

❷ 倒入豆皮丝，淋入少许熟油炒至七成熟。

❸ 加盐、味精、白糖调味。

❹ 倒入少许水淀粉勾芡汁。

❺ 翻炒至入味。

❻ 出锅盛入盘中即成。

制作指导

❂ 炒油麦菜的时间不宜过长，断生即可，否则会影响成菜脆嫩的口感和鲜艳的色泽。

❂ 炒制油麦菜时，不宜加入酱油、生抽等调味料，以免使成菜失去清淡的口味。

养生常识

★ 油麦菜色泽淡绿、质地脆嫩，口感鲜嫩清香，具有独特风味。

★ 油麦菜含有大量维生素和大量钙、铁、蛋白质、脂肪、维生素 A、维生素 B_1、维生素 B_2 等营养成分，是生食蔬菜中的上品。

★ 油麦菜具有降低胆固醇、治疗神经衰弱、清燥润肺、化痰止咳的作用，是一种低热量、高营养的蔬菜。

食物相宜

清肺热、止痰咳

豆皮

白菜

减肥健美

豆皮

生菜

滋补气血
润肺护肝

豆皮

银耳

雪里蕻豆瓣

🕐 3分钟   ✕ 开胃消食

⚖ 咸   😊 一般人群

雪里蕻又称雪菜，它含有多种微量元素和大量膳食纤维，常常被人们腌渍后食用。这道菜选用的是新鲜雪菜。新鲜的雪菜嫩茎搭配沙软的蚕豆，让人有种置身田园的舒畅感，满盘青翠中洋溢着来自大自然的清新原味，一片盎然生机。

材料

雪里蕻	200 克
蚕豆	100 克
蒜末	5 克
姜片	5 克

调料

盐	3 克
味精	2 克
水淀粉	10 毫升
豆瓣酱	适量
食用油	适量

❶ 将洗净的雪里蕻切成约 1 厘米的长段。

❷ 清水烧开,放入蚕豆、盐,煮约 3 分钟至熟透。

❸ 把煮好的蚕豆捞出来。

做法演示

❶ 用油起锅,倒入姜片、蒜末爆香。

❷ 倒入雪里蕻炒匀。

❸ 加豆瓣酱、盐、味精,炒至熟软。

❹ 倒入蚕豆炒匀。

❺ 翻炒均匀至入味,加水淀粉勾芡。

❻ 盛出装盘即可。

制作指导

⊙ 烹饪蚕豆时一定要煮熟煮透,才能食用。

⊙ 带皮蚕豆膳食纤维含量高,不宜多吃。

⊙ 蚕豆不可生吃,最好将生蚕豆浸泡,焯水后再进行烹制。

⊙ 将干蚕豆放入器皿内,加入适量的碱,倒上开水加盖闷 1 分钟,即可将蚕豆皮剥去。蚕豆去皮后,用水冲可除其碱味。

食物相宜

有助于钙的吸收

雪里蕻

猪肝

清热除烦,开胃

雪里蕻

百合

养生常识

★ 雪里蕻有解毒的作用,能抗感染,抑制细菌毒素,促进伤口愈合,可用来辅助治疗感染性疾病。

★ 雪里蕻是减肥者的绿色食物,可促进排出体内废弃物,净化身体使之清爽干净。

蒜薹炒土豆条

⏱ 3分钟　　✂ 开胃消食
🌡 辣　　😊 一般人群

　　土豆是蔬菜中的"百搭先生"，它可以与不同食材和谐搭配，或炒，或炸，或烧，或炖，都难掩其软糯甜香的诱人风味。这道菜制作时要将切好的土豆条放入清水中浸泡，以防氧化变黑。蒜薹的脆嫩与微微辣味不时挑逗着你的食欲，让你一不小心就吃到满盘皆光。

材料

		调料	
蒜薹	100 克	盐	3 克
土豆	150 克	鸡精	1 克
姜片	5 克	料酒	3 毫升
红椒丝	20 克	水淀粉	适量
葱段	5 克	食用油	适量

食材处理

❶ 将洗好的蒜薹切成段。

❷ 把已去皮洗净的土豆切条，放入清水中浸泡片刻。

❸ 热锅注油，烧至四成热，倒入蒜薹。

❹ 滑油片刻后，捞出备用。

❺ 倒入切好的土豆。

❻ 炸约 2 分钟至呈米黄色时捞出。

做法演示

❶ 锅留底油，放入姜片、红椒、葱段爆香。

❷ 倒入炸过的土豆，加入滑油后的蒜薹。

❸ 加盐、鸡精、料酒，翻炒 1 分钟至熟透。

❹ 倒入少许清水，再用水淀粉勾芡。

❺ 翻炒片刻至入味。

❻ 盛出装盘即可。

食物相宜

预防牙龈出血

蒜薹

+

生菜

降低血脂

蒜薹

+

黑木耳

制作指导

❂ 土豆皮下的汁液含有丰富的蛋白质。所以在烹饪土豆时，只需削掉最外的薄薄一层，这样能使人体吸收更多的蛋白质。

养生常识

★ 土豆含有丰富的维生素 B_1、维生素 B_2、维生素 B_6 和泛酸等，以及大量的优质纤维素，还含有氨基酸、蛋白质、脂肪和优质淀粉等营养元素，具有健脾和胃、益气调中、通利大便的作用，对脾胃虚弱、消化不良、肠胃不和有食疗作用。

香麻藕条

🕐 3分钟　　✂ 开胃消食

⚖ 辣　　😊 糖尿病患者

听闻"鲜香麻辣"四个字，总会让人联想起四川人独树一帜的调味功力，这道菜便有着些许川菜的影子。鲜嫩的藕条焯烫后口感格外爽脆，而干辣椒、花椒、葱的加入则为这道菜注入新的灵魂。随便挟一口塞进嘴里，香、辣、麻的感觉会一股脑儿地充斥你的口腔，细细嚼来回味无穷。

材料		调料	
莲藕	300克	盐	3克
干辣椒	10克	鸡精	1克
花椒	适量	水淀粉	适量
葱段	5克	食用油	适量

食材处理

❶ 将去皮洗净的莲藕切条，装盘。

❷ 锅中注水烧开，加食用油、盐，放入莲藕条。

❸ 焯烫片刻，捞起。

做法演示

❶ 炒锅热油，先放入干辣椒、葱段、花椒爆香。

❷ 倒入莲藕条炒匀。

❸ 加盐、鸡精调味。

❹ 用水淀粉勾芡。

❺ 翻炒片刻至熟透。

❻ 出锅装盘即可。

制作指导

✪ 藕节与藕节之间的间距愈长，表示莲藕的成熟度愈高，口感较绵软。

✪ 莲藕入锅炒制的时间不能太久，否则就失去了爽脆的口感。

食物相宜

滋阴血，健脾胃

莲藕

+

猪肉

止呕

莲藕

+

生姜

养生常识

★ 莲藕既可食用，又可药用。生食能凉血散淤，熟食能补心健脾，可以补五脏之虚，强壮筋骨，滋阴养血。同时，莲藕还能利尿通便，帮助排泄体内的废物和毒素。

地三鲜

　　地三鲜是来自东北黑土地上的特色美食，承袭着东北人淳朴、豪迈的个性，成为餐桌上永恒的素食经典。三种时令鲜蔬——土豆、茄子、青椒在热油的浸润下散发着浓郁的香气，土豆、茄子酥软，青椒爽脆，鲜香味美的菜肴就着香喷喷的白米饭，满足感油然而生。

材料		调料	
土豆	100克	盐	3克
茄子	100克	味精	1克
青椒	15克	白糖	2克
姜片	5克	蚝油	3毫升
蒜末	5克	豆瓣酱	适量
葱白	5克	水淀粉	适量
		食用油	适量

❶ 将青椒洗净，切开，去籽，切成小块。

❷ 将洗净去皮的土豆切块；将已去皮的茄子切丁。

❸ 热锅注油，烧至四成热，倒入土豆。

❹ 炸约 2 分钟至呈金黄色捞出。

❺ 倒入切好的茄子。

❻ 炸约 1 分钟至呈金黄色捞出。

做法演示

❶ 锅底留油，倒入姜片、蒜末、葱白爆香。

❷ 倒入滑油后的土豆块。

❸ 加水、盐、味精、糖、蚝油、豆瓣酱炒匀。

❹ 中火煮片刻，倒入茄子。

❺ 加入切好的青椒炒匀。

❻ 加水淀粉勾芡。

❼ 快速炒匀。

❽ 盛出装盘即可。

食物相宜

健脾开胃

土豆

＋

辣椒

营养均衡

土豆

＋

牛奶

韭菜炒鸡蛋

🕐 2分钟		✖ 开胃消食	
🧂 清淡		😊 一般人群	

　　炒鸡蛋是最平凡、最易上手的一种家常菜，人们曾尝试用不同食材来搭配炒鸡蛋，而韭菜无疑是其中的佼佼者。快速热炒和均匀调味是做好这道菜的关键所在，当鲜嫩的韭菜与香软的鸡蛋混在一起时，口感上分外和谐，散发出的香气也格外浓郁。

材料		调料	
韭菜	120 克	盐	2 克
鸡蛋	2 个	鸡精	1 克
		味精	1 克
		食用油	适量

 ❶ 将洗净的韭菜切成约3厘米长的段。

 ❷ 将鸡蛋打入碗中。

 ❸ 加入少许盐、鸡精。

 ❹ 用筷子朝一个方向搅散。

 ❺ 炒锅热油,倒入蛋液炒至熟。

 ❻ 盛出炒好的鸡蛋,备用。

做法演示

 ❶ 油锅烧热,倒入韭菜翻炒半分钟。

 ❷ 加入盐、鸡精、味精炒匀至韭菜熟透。

 ❸ 倒入炒好的鸡蛋。

 ❹ 翻炒均匀。

 ❺ 将炒好的韭菜鸡蛋盛入盘中即成。

食物相宜

降低血脂

鸡蛋

 +

醋

养心润肺、安神

鸡蛋

 +

菠菜

制作指导

✿ 韭菜特别容易出水,所以一定要快炒。

✿ 韭菜烹调的时间不宜过长,否则会破坏其中的维生素。

黄花菜炒金针菇

⏱ 2分钟　✖ 降低血脂
🌶 辣　　　 🙂 高脂血症患者

　　古人常在堂前屋后种植萱草以观赏，或排遣烦闷，故萱草有"忘忧草"的雅称。人们采集萱草花蕾经干制则成为上等的食材，即"黄花菜"。黄花菜味道鲜美，搭配口感脆嫩、爽滑的金针菇，一丝一缕间都透着鲜浓的滋味，更兼具健脑、抗衰老等食疗作用。

材料		调料	
金针菇	200克	盐	3克
水发黄花菜	100克	水淀粉	10毫升
青椒	10克	鸡精	2克
红椒	10克	食用油	适量
姜片	5克		
蒜末	5克		
葱白	5克		

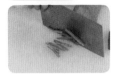

❶ 将洗净的青椒、红椒均切丝。

❷ 将洗净的金针菇切去根茎。

❸ 将洗净的黄花菜切去老茎。

❹ 锅中加约 800 毫升水烧开，加盐和少许食用油。

❺ 倒入黄花菜，煮约 1 分钟。

❻ 将煮好的黄花菜捞出来。

做法演示

❶ 用油起锅，倒入姜片、蒜末、葱白。

❷ 放入青椒丝、红椒丝爆香。

❸ 倒入切好的金针菇炒匀。

❹ 加入焯水后的黄花菜炒匀。

❺ 加少许盐、鸡精，炒匀调味。

❻ 加入适量的水淀粉勾芡。

❼ 炒匀至入味。

❽ 盛出装盘即可。

养生常识

★ 金针菇含有人体必需的多种氨基酸成分，且含锌量比较高，尤其对儿童的智力发育有良好的作用。

食物相宜

降脂降压

金针菇

＋

豆腐

增强免疫力

金针菇

＋

西蓝花

清热解毒

金针菇

＋

豆芽

芹菜炒香菇

- 🕐 4分钟
- ⚖ 清淡
- ✕ 降压降糖
- ☺ 高血压病患者

　　芹菜是热炒、凉拌皆宜的多用蔬菜，其口感脆嫩，更有着独特的香气，再配以柔滑、味鲜的香菇，稍加烹饪即可呈现出鲜明的田园风味。青椒、红椒的加入不仅让这道菜的色泽更丰富悦目，营养成分也趋于均衡，口味清淡，一点点的微辣则让人食欲大开。

材料

香芹	150克
鲜香菇	120克
青椒	10克
红椒	10克

调料

盐	3克
味精	1克
水淀粉	适量
食用油	适量

食材处理

❶ 将洗净的芹菜切成段。

❷ 将洗好的鲜香菇切去蒂，切成丝。

❸ 将红椒、青椒切成丝。

❹ 锅中注水烧开，加入油、盐，倒入香菇煮沸。

❺ 捞出煮好的香菇。

做法演示

❶ 另起锅，注油烧热，倒入香菇。

❷ 倒入芹菜，再倒入青椒、红椒。

❸ 注入少许清水翻炒至熟。

❹ 锅中加入盐、味精，炒匀调味。

❺ 加入少许水淀粉勾芡，炒匀。

❻ 将做好的菜盛入盘内即成。

食物相宜

提高免疫力

香菇

+

油菜

利尿通便

香菇

+

莴笋

制作指导

✿ 芹菜可炒，可拌，可熬，可煲汤，还可以做成饮品。芹菜叶中所含的胡萝卜素和维生素 C 比茎中的含量多，因此吃时不要把能吃的嫩叶扔掉。

黄瓜炒山药

⏱ 3分钟　　✖ 降压降糖
△ 清爽　　😊 高血压患者

　　在吃多了大鱼大肉的日子里，人们喜欢搭配一些清淡爽口的菜式，不同倾向的口味相互交融往往会有意外的惊喜。这道菜中，黄瓜的清脆与山药的嫩滑相得益彰，较少受调味影响，反而能呈现出纯正的自然风味，清新怡人的香气能瞬间将所有的油腻感化于无形。

材料		调料	
黄瓜	300 克	盐	3 克
山药	150 克	水淀粉	10 毫升
红椒	20 克	鸡精	2 克
姜片	5 克	白醋	3 毫升
蒜末	5 克	食用油	适量
葱白	5 克		

① 将去皮洗净的山药切片，改切长丝。

② 将洗净的黄瓜去皮，切片，改切长丝。

③ 将洗净的红椒切丁，去籽，切成丝。

④ 锅中加约800毫升清水烧开，倒入少许白醋。

⑤ 放入山药。

⑥ 煮沸后捞出备用。

做法演示

① 用油起锅，倒入姜片、蒜末、葱白、红椒丝爆香。

② 倒入黄瓜丝，拌炒片刻。

③ 倒入山药炒匀。

④ 加入盐、鸡精。

⑤ 炒匀使其入味。

⑥ 加入少许水淀粉。

⑦ 快速炒匀。

⑧ 起锅，将炒好的菜盛入盘中即可。

食物相宜

降低血脂

黄瓜

＋

豆腐

排毒瘦身

黄瓜

＋

黑木耳

拔丝红薯

⏱ 8分钟　　✂ 防癌抗癌
⚖ 甜　　☺ 女性

　　"拔丝"是一种来自东北的甜菜烹饪技法，人们将炸得外脆里嫩的红薯块裹上薄薄的糖浆，取食时便可以拉扯出细细的糖丝儿来。这道菜要趁热吃，金红色的糖浆色泽夺目，让人垂涎，扯着糖丝儿蘸上点儿冷开水塞进嘴里，有着说不出的温润香脆。

材料　　　　　　调料

| 红薯 | 300克 | 白糖 | 100克 |
| 白芝麻 | 6克 | 食用油 | 适量 |

❶ 将去皮洗净的红薯切成块儿。

❷ 锅中注油烧至五成热，倒入红薯，慢火炸2分钟。

❸ 将炸好的红薯捞出沥油。

❹ 锅底留油，加入白糖，炒片刻。

❺ 加入约100毫升清水。

❻ 改小火不断搅拌至白糖溶化熬成暗红色。

❼ 倒入炸好的红薯。

❽ 快速拌炒均匀。

❾ 撒入白芝麻。

❿ 快速翻炒匀。

⓫ 起锅，将炒好的红薯盛入盘中即可。

制作指导

✪ 要选用新鲜、没有变质或者发芽的红薯。

✪ 炒制白糖时要控制好火候，白糖溶化呈焦黄色即可，不要炒制过久。

✪ 清水不要加太多，否则会影响成品的拔丝效果。

✪ 红薯不要炸太久，以免炸焦。

✪ 要趁热食用，凉了就不能拔丝了。

食物相宜

通便、美容

红薯

＋

莲子

延年益寿

红薯

＋

大米

养生常识

★ 脾虚水肿、疮疡肿毒、肠燥便秘、气血不足、身体虚乏者可以多食红薯。

★ 湿阻脾胃、气滞食积、十二指肠溃疡、胃酸过多者应慎食红薯。

玉米炒豌豆

🕐 3分钟　　✖ 防癌抗癌

🔥 清淡　　😊 女性

　　玉米和豌豆个头儿相近，风味却略有不同。将金黄的玉米、翠绿的豌豆混在一起，几片红椒夹杂其间，热闹得宛如一场盛大的聚会。迫不及待地尝一口，接二连三的香甜、脆嫩，是玉米还是豌豆？让你的舌头去迎接这奇妙的味觉挑战吧！

材料		调料	
豌豆	250克	盐	3克
鲜玉米粒	150克	味精	1克
红椒片	2克	白糖	2克
姜片	5克	水淀粉	适量
葱白	5克	食用油	适量

 ❶ 锅中注水，加油烧开，加适量盐煮沸。

 ❷ 将玉米粒焯至断生后捞出。

 ❸ 豌豆焯水捞出。

做法演示

 ❶ 用油起锅，倒入红椒片、姜片和葱白煸炒香。

 ❷ 倒入焯水后的玉米粒和豌豆。

 ❸ 将玉米粒和豌豆翻炒均匀。

 ❹ 加盐、味精。

 ❺ 放入白糖调味。

 ❻ 加入少许水淀粉勾芡。

 ❼ 翻炒均匀。

 ❽ 出锅装盘即成。

制作指导

✿ 要选用颗粒饱满、色泽金黄、表面光亮的玉米。

✿ 要选用新鲜、脆嫩的豌豆。

✿ 加入少许芝麻油，味道会更好。

食物相宜

治食欲不佳

豌豆

＋

蘑菇

健脾，通乳，利水

豌豆

＋

红糖

养生常识

★ 此菜适合水肿、动脉粥样硬化、高脂血症、心脏病、冠心病等患者食用。

★ 吃玉米时应把玉米粒的胚尖全部吃进去，因为玉米的许多营养都集中在这里。

青椒炒泥蒿

⏱ 3分钟　　✗ 防癌抗癌
🔥 清淡　　☺ 一般人群

　　泥蒿原本是古时江淮百姓偶遇灾年的充饥野菜，其可食用的嫩茎清甜可口、脆嫩鲜香，独具的清香气常常能让食者眼睛一亮。这道菜并未拘泥于简单的素炒，青椒、洋葱固有的辣与甜让菜的风味又多了几分变化，清新原味大有返璞归真之感。

材料

泥蒿	250克
青椒	50克
洋葱丝	50克

调料

盐	3克
味精	1克
水淀粉	适量
食用油	适量

❶ 把洗净的泥蒿切成段。

❷ 将洗净的青椒切成丝。

做法演示

❶ 热锅注油，倒入洋葱丝、青椒略炒。

❷ 倒入泥蒿炒熟。

❸ 加入盐、味精炒至入味。

❹ 淋入水淀粉勾芡。

❺ 翻炒均匀。

❻ 出锅盛入盘中即可食用。

制作指导

- ✿ 切洋葱前，先把刀放入冷水中浸泡片刻，再去切洋葱就不会刺激眼睛。
- ✿ 要选用新鲜嫩绿的泥蒿。
- ✿ 要挑选球体完整、没有裂开或损坏、表皮完整光滑有光泽的洋葱。
- ✿ 此菜肴的炒制时间不要太长，以免影响成品的外观和脆嫩口感。
- ✿ 加入少许芝麻油，味道会更好。

养生常识

★ 一般人皆可食用此菜。

★ 泥蒿中钠的含量较高，糖尿病、肥胖者或其他慢性病如肾脏病、高脂血症患者慎食。

★ 洋葱可以降血脂，防治动脉硬化。

食物相宜

美容养颜

青椒

苦瓜

有利于维生素的吸收

青椒

鸡蛋

促进肠胃蠕动

青椒

紫甘蓝

莴笋炒香菇

🕐 3分钟　　✗ 防癌抗癌

🍲 鲜　　☺ 老年人

　　吃过莴笋的人总是对它的爽脆、清香念念不忘，特别是在莴笋上市的时节，几乎家家户户都要买一些回去大快朵颐。这道菜在莴笋中加入了爽滑的香菇、鲜甜的胡萝卜，三种鲜蔬强强联手，既有脆嫩的口感，又不失鲜美的滋味，丰富的营养搭配堪称完美。

材料		调料	
莴笋	450克	盐	3克
胡萝卜	120克	味精	1克
香菇	120克	鸡精	1克
葱段	5克	水淀粉	适量
蒜末	5克	食用油	适量

① 把洗净的香菇切成斜片。

② 将去皮洗净的莴笋切成菱形状薄片。

③ 将洗净的胡萝卜切成片。

④ 锅注水烧热，加盐拌匀，放入胡萝卜焯至断生。

⑤ 倒入香菇片焯片刻。

⑥ 将材料捞出沥水，装盘备用。

做法演示

① 炒锅注油烧热，放入蒜末、葱白爆香。

② 倒入莴笋、胡萝卜、香菇。

③ 用中火翻炒至熟。

④ 加盐、味精、鸡精调味。

⑤ 翻炒至入味。

⑥ 用水淀粉勾芡。

⑦ 倒入葱叶翻炒至断生。

⑧ 出锅装入盘中即成。

降低血压、血脂

香菇

+

鱿鱼

减脂降压

香菇

+

木瓜

香菇炒豆角

🕐 4 分钟   🍴 防癌抗癌
🍲 清淡   ☺ 一般人群

　　生活中的美食未必非鱼翅、燕窝之流莫属，物美价廉、味好量足的平民美食一样可以在餐桌上笑傲群芳。这道香菇炒豆角味道清淡，过油后的豆角显得格外绿嫩、爽脆，豆香、蘑菇香以及葱姜蒜浓烈的香气萦绕在身边，会让你爱上吃素。

材料		调料	
豆角	350 克	盐	3 克
香菇	200 克	味精	1 克
红椒	20 克	鸡精	2 克
姜片	15 克	水淀粉	适量
葱段	15 克	食用油	适量
蒜蓉	15 克		

❶ 把洗净的豆角切成段。

❷ 将去蒂洗净的香菇切成片。

❸ 将洗净的红椒去籽,切成丝。

做法演示

❶ 锅中倒油烧热,放入姜、葱、蒜爆香。

❷ 倒入香菇,注入少许清水,拌炒均匀。

❸ 倒入豆角炒匀。

❹ 加少许清水,翻炒至八成熟。

❺ 用盐、味精、鸡精调味。

❻ 放入红椒丝。

❼ 用水淀粉勾芡。

❽ 翻炒至材料熟透。

❾ 盛入盘中即成。

制作指导

✪ 要选用新鲜、个头均匀的香菇,特别大的香菇多数是用激素催肥的,不建议购买。

✪ 要选用鲜嫩、翠绿的豆角。

食物相宜

防治高血压

豆角

+

蒜

降糖降压

豆角

+

猪肉

养生常识

★ 长得特别大的香菇不要吃,因为它们多是用激素催肥的,大量食用可对机体造成不良影响。

家常土豆片

⏱ 3分钟　　✖ 防癌抗癌

🧴 清淡　　🙂 肠胃病患者

　　土豆是厨房里的常备食材，它低热能、高蛋白，营养全面且易于消化吸收，施以不同烹饪方法即可呈现出风格迥异的美味。这道家常菜中的土豆片选料简单、极易上手，焯煮让土豆口感爽脆，大火爆炒让土豆及辅料的香气得以充分释放，香甜微辣，是下饭的极品。

材料

土豆	300 克
干辣椒	2 克
青椒片	10 克
红椒片	10 克
芹菜段	10 克
姜片	5 克
蒜末	5 克
葱白	5 克

调料

盐	3 克
鸡精	3 克
水淀粉	10 毫升
豆瓣酱	适量
食用油	适量

食材处理

① 将去皮洗净的土豆切成片。

② 锅中注入清水烧开，倒入土豆片。

③ 土豆片焯煮片刻后，捞出备用。

做法演示

① 起油锅，倒姜、蒜、葱、青椒、红椒、干辣椒爆香。

② 倒入土豆片，炒约1分钟至熟。

③ 加入鸡精、盐、豆瓣酱调至入味。

④ 倒入芹菜段炒匀。

⑤ 加入少许水淀粉。

⑥ 快速拌炒均匀。

⑦ 将炒好的土豆片盛入盘内。

⑧ 装好盘即可食用。

制作指导

✿ 土豆切好后，放入清水中浸泡片刻，炒制出来的土豆更爽脆。

✿ 加入少许芝麻油或辣椒油，味道会更好。

食物相宜

健脾开胃

土豆

+

辣椒

营养均衡

土豆

+

牛奶

养生常识

★ 孕妇慎食土豆，以免增加妊娠风险。

韭菜炒香干

🕐 2分钟　　✂ 增强免疫力
🔥 鲜　　😊 男性

　　家常小炒烹制简单、容易上手，稍用心思也可以很有爱。这道菜中，滑油片刻的香干口感细嫩鲜香，再以生抽的鲜味、韭菜的浓郁香气层层包裹渗入，让香干的风味格外出色，细细嚼来是极香的。油润诱人的菜色配上一碗大米饭，浓浓的幸福感溢于言表。

材料		调料	
韭菜	80克	盐	3克
香干	100克	味精	1克
红椒丝	20克	生抽	5毫升
		白糖	2克
		料酒	5毫升
		食用油	适量

食材处理

❶ 将洗净的香干切成片,将洗净的韭菜切成段。

❷ 用油起锅,烧至四成热,倒入香干。

❸ 香干滑油片刻后捞出。

做法演示

❶ 锅底留油,倒入韭菜,炒匀。

❷ 倒入香干。

❸ 加入盐、味精、白糖、生抽、料酒。

❹ 炒匀调味。

❺ 放入红椒丝,炒匀。

❻ 盛出装盘即可。

制作指导

☺ 选购韭菜时,以叶直、鲜嫩翠绿者为佳,这样的韭菜营养素含量较高。

☺ 消化不良或肠胃功能较弱的人吃韭菜容易烧心,不宜多吃。

☺ 韭菜根部有很多泥沙,最难洗。宜先剪掉一段根,并用盐水浸泡一会再洗。

养生常识

★ 韭菜的主要营养成分有维生素 C、维生素 B_1、维生素 B_2、烟酸、胡萝卜素、碳水化合物及矿物质。

★ 韭菜还含有丰富的纤维素,比大葱和芹菜都高,可以促进肠道蠕动、预防大肠癌的发生,同时又能减少对胆固醇的吸收,起到预防和治疗动脉硬化、冠心病等疾病的作用。

食物相宜

壮阳

香干

+

韭菜

防治心血管疾病

香干

+

韭黄

增强免疫力

香干

+

金针菇

第 2 章 素味轻松炒 **97**

香菇扒菜胆

🕐 5分钟　　✗ 开胃消食

🌡 清淡　　🙂 一般人群

　　勾芡是烹饪中的常用技巧，它可以使食物在熟化过程中渗出的原汤汁、原味道重新包裹在食材上，从而减少营养成分的流失。这道菜青翠的菜色透着清爽，上海青脆嫩，香菇鲜软、味浓，蘸着不稠不薄的芡汁吃起来，味道格外鲜美，是素食一族的最爱。

材料		调料	
上海青	200 克	盐	3 克
鲜香菇	70 克	水淀粉	10 毫升
		白糖	3 克
		料酒	3 毫升
		鸡精	2 克
		老抽	3 毫升
		蚝油	3 毫升
		食用油	适量

❶ 将洗净的上海青对半切开。

❷ 将洗净的香菇切成片。

做法演示

❶ 锅中加清水烧开，加食用油、盐、上海青拌匀。

❷ 焯至断生后捞出上海青，沥干水分。

❸ 将上海青整齐地摆入盘中。

❹ 倒入香菇，搅散，煮约 1 分钟至熟。

❺ 捞出煮好的香菇。

❻ 用油起锅，倒入香菇炒匀。

❼ 淋入少许料酒炒香，加入蚝油、少许清水。

❽ 加入盐、鸡精、白糖、老抽炒匀调味。

❾ 加入少许水淀粉搅拌均匀。

❿ 将炒好的香菇盛放在上海青上。

⓫ 浇上原汤汁即可。

食物相宜

有助于吸收营养

香菇

＋

豆腐

补气养血

香菇

＋

牛肉

第 **3** 章

荤香好馋人

怀念那些端着大勺在厨房里挥汗如雨的日子。油亮的铲子在锅中起舞，微热的食材闪着诱人的光，雪白的盐、淡黄的鸡精在指尖轻轻漏下。蒸腾的水汽与淡淡的油烟中，锅底的菜肴滋滋地响个不停。此时，无论食物的色泽还是味道都臻于完美，吊足了家人的胃口。

豆腐皮烧肉

🕐 25分钟   ✖ 增强免疫力

🧂 咸香   ☺ 一般人群

真正的烹饪高手出自民间，简单、低廉的家常菜也可以在他们手中变成人见人爱的美味佳肴。将五花肉煸炒至油脂溢出，外焦里嫩却毫不油腻，薄如纸的豆腐皮在吸饱了汤汁后，口感柔润、嫩滑，更带有五花肉的浓香，两者合吃起来鲜香味浓。

材料		调料	
五花肉	500 克	糖色	适量
豆腐皮	100 克	老抽	3 毫升
榨菜	60 克	白糖	2 克
姜片	5 克	生抽	5 毫升
蒜末	5 克	鸡精	1 克
红椒片	20 克	料酒	5 毫升
葱段	5 克	水淀粉	适量
		芝麻油	适量
		食用油	适量

 ❶ 把洗净的榨菜切片。

 ❷ 将洗净的豆腐皮切段备用。

 ❸ 将洗净的五花肉切片备用。

做法演示

 ❶ 锅中加清水，倒入榨菜。

 ❷ 在拌匀煮沸后，捞出备用。

 ❸ 热锅注油，烧至四成热，倒入豆腐皮。

 ❹ 炸至酥脆后捞出。

 ❺ 放入清水中泡软。

 ❻ 锅留底油，倒入肉片炒至吐油。

 ❼ 倒入少许糖色炒匀上色，再淋上老抽拌炒均匀。

 ❽ 倒入姜片、蒜末、红椒片炒匀。

 ❾ 倒入少许清水煮沸。

 ❿ 加白糖、生抽、鸡精、料酒调味。

 ⓫ 加盖，以慢火焖15分钟。

 ⓬ 揭开盖，加入榨菜、豆腐皮。

 ⓭ 加少许清水，拌匀煮透。

 ⓮ 加水淀粉勾芡。

 ⓯ 撒上葱段，淋入少许芝麻油。

 ⓰ 翻炒均匀。

 ⓱ 盛入盘中即成。

五花肉炒口蘑

🕐 5分钟	✂ 增强免疫力
⬛ 鲜	☺ 男性

　　肥瘦相间的五花肉在市场上炙手可热，瘦的部分细嫩不柴，肥的部分味美香浓，是很多食肉一族的最爱。人们将五花肉与口蘑同炒，天性吸油的口蘑在吸收五花肉煸出的油脂的同时，也极好地吸收了味道，细嫩配焦香，让诱人的滋味浑然天成。

材料

五花肉	300 克
口蘑	150 克
红椒	30 克
辣椒面	少许
姜片	少许
蒜米	少许
葱白	少许

调料

盐	3 克
味精	1 克
蚝油	适量
料酒	适量
老抽	适量
水淀粉	适量
熟油	适量
食用油	适量

食材处理

❶ 把红椒洗净切片。

❷ 将洗净的口蘑切成片。

❸ 将洗净的五花肉切成片。

❹ 锅中加清水烧开，加盐、油。

❺ 倒入口蘑拌匀。

❻ 煮沸后捞出。

做法演示

❶ 热锅注油，倒入五花肉。

❷ 炒1分钟至出油。

❸ 加老抽上色。

❹ 倒入辣椒面、姜片、葱白、蒜米炒香。

❺ 放入红椒片，加料酒炒匀。

❻ 倒入口蘑，加盐、味精、蚝油调味。

❼ 加入水淀粉勾芡。

❽ 淋入熟油拌匀。

❾ 盛出装盘即可。

食物相宜

补中益气

口蘑

＋

鸡肉

防治肝炎

口蘑

＋

鹌鹑蛋

养生常识

★ 口蘑热量少，营养高，除基本的膳食纤维、蛋白质和多种维生素外，还含有叶酸、铁、钾、硒、铜等营养素。

★ 口蘑无脂肪，无胆固醇，富含有益健康的多种维生素、矿物质和防癌抗氧化剂，经常食用可以防止癌症的发生。

冬笋烧牛肉

⏱ 5分钟　　✖ 增强免疫力
⬛ 鲜　　☺ 一般人群

　　冬笋入菜自古便被奉为素食中的珍品，煸、炒、炖、烧均可，肉质乳白、质嫩味鲜，其美味程度丝毫不亚于春笋。这道菜以烧的方式让牛肉充分入味，口感格外嫩滑，搭配爽脆的冬笋片，吃起来鲜香味美，浓郁的香气瞬间可以吸引全桌人的目光。

材料		调料	
牛肉	300 克	盐	3 克
冬笋	250 克	味精	1 克
青椒	25 克	淀粉	适量
红椒	25 克	生抽	3 毫升
姜片	5 克	料酒	5 毫升
葱白	5 克	蚝油	3 毫升
蒜末	5 克	水淀粉	适量
		食用油	适量

① 将冬笋去皮洗净，切成片。

② 将牛肉洗净，切片。

③ 将青椒洗净，切片。

④ 将红椒洗净，切片。

⑤ 牛肉加淀粉、生抽、盐、味精、水淀粉、食用油拌匀腌渍 10 分钟。

做法演示

① 热锅注油，倒入牛肉，滑油约 1 分钟至熟捞出。

② 锅留底油，倒入姜片、蒜末、葱白爆香。

③ 倒入青椒片红椒片、冬笋片拌炒。

④ 放入牛肉片炒匀，加料酒、蚝油、味精、盐翻炒入味。

⑤ 加水淀粉勾芡，翻炒匀。

⑥ 装盘即成。

食物相宜

保护胃黏膜

牛肉

+

土豆

延缓衰老

牛肉

+

鸡蛋

制作指导

❂ 牛肉的纤维组织较粗，结缔组织较多，应横切，将长纤维切断。不能顺着纤维组织切，否则不仅没法入味，还嚼不烂。

胡萝卜烧牛腩

🕐 10分钟		✖ 增强免疫力	
⬛ 鲜		🙂 一般人群	

　　健康的美食不仅要吃得美味，也要兼顾营养。将鲜嫩的牛腩经反复加热，使其充分入味后，口感松软，滋味更足，香气更盛。而有着"小人参"之称的胡萝卜在与牛腩同煮同食过程中，其营养成分更易于人体的吸收和利用，堪称绝配。

材料

胡萝卜	250 克
熟牛腩	200 克
洋葱	120 克
蒜末	15 克
葱段	20 克
姜片	10 克

调料

盐	3 克
味精	1 克
白糖	2 克
水淀粉	适量
料酒	5 毫升
沙茶酱	适量
老抽	3 毫升
食用油	适量

食材处理

① 将洗净的洋葱切片。

② 将洗净的胡萝卜切成块。

③ 将熟牛腩切块。

做法演示

① 锅中注入适量清水烧热，倒入胡萝卜。

② 加盐煮片刻，盛出备用。

③ 热锅注油，加蒜末、姜片、少许葱段、沙茶酱炒香。

④ 倒入切好的熟牛腩炒匀。

⑤ 加少许料酒拌匀，淋入老抽炒匀。

⑥ 倒入少许水。

⑦ 倒入胡萝卜，煮至熟。

⑧ 加盐、味精、白糖调味，煮至入味。

⑨ 倒入洋葱炒熟，用水淀粉勾芡。

⑩ 起锅，将炒好的材料移至砂锅内。

⑪ 将砂锅置于旺火上，烧开后撒入余下的葱段。

⑫ 端出即可。

食物相宜

排毒瘦身

胡萝卜

+

绿豆芽

预防脑卒中

胡萝卜

+

菠菜

养生常识

★ 牛腩富含矿物质和B族维生素，包括烟酸、维生素 B_1 和维生素 B_2 等，是人体所需营养的极佳来源。

蒜苗牛百叶

🕐 3分钟	⚔ 增强免疫力		
🔖 鲜	☺ 一般人群		

　　口感脆嫩的牛百叶是这道菜的主角，那种咀嚼时来自齿间的"咯吱"脆生劲儿能极大地愉悦你的心。蒜苗、青椒、红椒、蒜末、姜片在高温爆炒中释放出浓烈的香气，配合鲜美的生抽，让整道菜充满了野性与张力，极为入味的牛百叶让你越嚼越香。

材料

牛百叶	500 克
蒜苗	70 克
蒜末	7 克
姜片	7 克
青椒	10 克
红椒	10 克

调料

蚝油	3 毫升
生抽	3 毫升
盐	1 克
味精	1 克
鸡精	1 克
料酒	5 毫升
食用油	适量

食材处理

❶ 将洗净的蒜苗切成段。

❷ 把洗好的青椒、红椒切成片。

❸ 把洗净的牛百叶切成块。

❹ 锅中加清水烧开，倒入牛百叶。

❺ 焯煮片刻后，捞出备用。

做法演示

❶ 起油锅，倒入蒜末、姜片爆香。

❷ 再加入焯熟的牛百叶。

❸ 放入青椒、红椒炒香，加入料酒炒匀。

❹ 放入蒜苗段。

❺ 加蚝油、生抽、盐、味精、鸡精炒匀入味。

❻ 出锅装盘即可。

制作指导

❂ 牛百叶的异味比较重，应反复揉搓、清洗干净。洗的时候可用盐和醋一起搓洗，重复3遍；或者掺着盐和面粉一起洗。

食物相宜

补气血、增强免疫力

牛百叶

+

黄芪

养生常识

★ 蒜苗含有丰富的维生素C以及蛋白质、胡萝卜素、维生素 B_1、维生素 B_2 等营养成分。它的辣味主要来自其含有的辣素，这种辣素具有消积食的作用。

★ 常吃蒜苗还能有效预防流感、肠炎等疾病。

★ 蒜苗对于心脑血管有一定的保护作用，可预防血栓的形成。

★ 消化功能不佳的人宜少吃蒜苗。肝病患者每天食用蒜苗应控制在60克以内，过量食用蒜苗，有可能引起肝病加重。

小鸡炖粉条

🕐 45分钟	⚔ 增强免疫力
🔲 鲜	😊 女性

这是一道东北人待客引以为傲的压轴菜，热气腾腾的一大锅中汇集了黑土地上的多种美味，就像东北人的性情，毫无保留，率真得可爱。鸡肉鲜香，香菇嫩滑，特别容易入味的粉条吸饱了多种食材的精华，入口格外地柔嫩顺滑，就是一个字——"香"。

材料

小鸡肉	500 克
香菇	50 克
水发粉条	100 克
蒜苗段	30 克
葱白	5 克
姜片	5 克
蒜片	5 克

调料

盐	4 克
生抽	3 毫升
料酒	4 毫升
老抽	3 毫升
白糖	3 克
味精	2 克
蚝油	3 毫升
鸡精	2 克
淀粉	适量
食用油	适量

食材处理

❶ 将洗净的小鸡肉斩块，装入碗中。

❷ 将水发粉条切段。

❸ 将鸡肉加生抽、料酒、盐、淀粉拌匀，腌渍15分钟。

做法演示

❶ 锅中倒入食用油，烧至四成热时，放入鸡块。

❷ 滑油1分钟，捞出。

❸ 锅底留油，放入姜片、葱白、蒜片爆香。

❹ 放入洗净的香菇。

❺ 加入鸡块，翻炒1分钟。

❻ 加入少许料酒煸炒。

❼ 放入水、老抽、白糖、盐、味精、蚝油、鸡精炒匀。

❽ 倒入粉条炒匀，中火炖35分钟至熟。

❾ 撒入已切好的蒜苗段。

❿ 翻炒片刻。

⓫ 出锅即可。

食物相宜

温中补脾

鸡肉

黄豆芽

养生常识

★ 鸡肉味甘，性微温，具有温中补脾、益气养血、补肾益精的作用。

★ 鸡肉含蛋白质、脂肪、钙、磷、铁、镁、钾、钠、维生素A、维生素B$_1$、维生素B$_2$、维生素C、维生素E和烟酸等成分。

★ 鸡肉脂肪含量较少，含有高度不饱和脂肪酸。适用于虚损羸瘦、脾胃虚弱、食少反胃、气血不足、头晕心悸、产后乳汁缺乏、肾虚所致的小便频数、遗精、耳鸣耳聋、月经不调、脾虚水肿等病症。

菜花焖鸡翅

🕐 5分钟　　❌ 增强免疫力

🔥 清淡　　☺ 一般人群

　　很多人都爱吃鸡翅，这部分的肉质软嫩，入口不柴，吃起来格外鲜香。这道菜中，菜花的细嫩口感与鸡肉相得益彰，烹调入味后，菜花变得富有肉味，而鸡肉更添几分菜花的清香。扑鼻的香气飘来，让你在不知不觉中就消灭了几碗白米饭。

材料

菜花	200克
鸡翅	300克
洋葱片	20克
姜片	5克
蒜蓉	5克

调料

蚝油	3毫升
鸡精	2克
淀粉	适量
生抽	适量
高汤	适量
盐	2克
味精	1克
白糖	2克
料酒	5毫升
水淀粉	适量
食用油	适量

❶ 将洗净的菜花切瓣，洗好的鸡翅斩块。

❷ 鸡块加盐、味精、料酒、生抽、淀粉拌均匀，腌渍一会。

❸ 锅中倒入清水烧开，加盐、鸡精，放入菜花。

❹ 加入食用油，焯熟后捞出。

❺ 热锅注油，烧至四成热，倒入鸡块。

❻ 炸约 2 分钟至呈金黄色捞出。

❶ 锅底留油。

❷ 加姜片、蒜蓉爆香。

❸ 倒入鸡块，加料酒炒熟。

❹ 加蚝油炒匀，倒入高汤、盐、味精、白糖。

❺ 倒入菜花。

❻ 加盖煮至熟。

❼ 揭盖，再放入洋葱炒匀。

❽ 用水淀粉勾芡，淋热油，拌匀盛出即可。

降低血脂

菜花

+

香菇

防癌抗癌

菜花

+

辣椒

洋葱炒肉

⏱ 5分钟　　✖ 开胃消食

🧂 鲜　　☺ 一般人群

　　脆嫩的洋葱与香浓的五花肉在风味上很搭，当它们俩联起手来，营养与美味共存，又是一道餐桌上霸气十足的大菜。吃在嘴里，一边是洋葱的清脆，一边是五花肉的香嫩，丰富的层次感让你深陷其中。鲜浓的滋味扫过舌尖，甜中带辣，顷刻间秒杀你的味觉。

材料		调料	
五花肉	300克	盐	3克
洋葱	70克	老抽	3毫升
红椒	20克	生抽	5毫升
豆豉	适量	味精	1克
蒜末	5克	白糖	2克
姜片	5克	料酒	5毫升
		水淀粉	适量
		食用油	适量

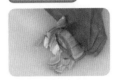

❶ 将去皮洗净的洋葱切片。

❷ 将红椒洗净对半切开，切条，再切成片。

❸ 将已洗净的五花肉切小片。

做法演示

❶ 锅中注入适量食用油，烧热。

❷ 倒入五花肉。

❸ 炒至五花肉吐出油。

❹ 加老抽、生抽炒香。

❺ 倒入红椒、洋葱。

❻ 倒入豆豉、蒜末、姜片炒匀。

❼ 加料酒炒匀。

❽ 加入盐、味精、白糖翻炒至入味。

❾ 倒入水淀粉勾芡。

❿ 加入食用油炒匀。

⓫ 盛入盘中。

食物相宜

健脾益气

猪肉

+

莴笋

降低血压

猪肉

+

南瓜

萝卜干炒肚丝

🕐 3分钟　　❌ 开胃消食
⚖ 咸香　　☺ 一般人群

　　萝卜干是中国人佐酒配餐的常见小菜，或咸或甜，各地风味略有不同，而脆嫩的口感、越嚼越香的特征却如出一辙。这道菜将萝卜干与同样富有嚼劲儿的牛肚搭配，鲜香微辣，既开胃又下饭。那来自齿间脆生生的美妙感受，让吃也变得生趣盎然。

材料

萝卜干	200 克
熟牛肚	300 克
洋葱丝	20 克
红椒丝	20 克
姜片	5 克
蒜末	5 克
葱段	5 克

调料

盐	3 克
味精	1 克
鸡精	1 克
白糖	2 克
老抽	3 毫升
生抽	5 毫升
料酒	5 毫升
水淀粉	适量
食用油	适量

食材处理

❶ 将洗好的萝卜干切段；熟牛肚切丝。

❷ 锅中加水烧开，加食用油，倒入萝卜干。

❸ 煮约2分钟后，捞出备用。

食物相宜

补气血、增强免疫力

牛肚

+

黄芪

做法演示

❶ 热锅注油，入姜、蒜、红椒、葱、洋葱爆香。

❷ 倒入牛肚炒匀。

❸ 加入少许料酒炒香。

❹ 倒入萝卜干炒匀。

❺ 加入盐、味精、鸡精、白糖、老抽、生抽炒匀。

❻ 加入少许水淀粉勾芡，淋入熟油拌匀。

❼ 翻炒片刻至入味。

❽ 起锅，盛入盘中即可食用。

养生常识

★ 牛肚性平、味甘，归脾、胃经，可用于脾气不足、健运失职所致之纳差、乏力、便溏等症。

★ 牛肚含蛋白质、脂肪、钙、磷、铁、维生素 B_1、维生素 B_2、烟酸等，具有补益脾胃、补气养血、补虚益精的作用。

制作指导

❂ 牛肚可用高压锅煮熟。如果希望煮烂一些，可以加葱、姜，再加一勺醋同煮，这样煮出来的牛肚既烂又有嚼劲。

香煎黄骨鱼

⏱ 5分钟　　✂ 开胃消食
🧂 咸　　☺ 一般人群

　　黄骨鱼是一种栖息在江河湖泊中以肉食为主的杂食性鱼种，这种鱼个体较小，但肉质极为细嫩且刺少，营养丰富，味道鲜美，被老百姓誉为"河鱼上品"。人们将黄骨鱼收拾干净、腌渍入味后，以小火两面煎熟，色泽金黄，皮酥肉嫩，实为河鲜野味中的精品。

材料

黄骨鱼	200克
葱花	5克

调料

生抽	5毫升
盐	3克
味精	1克
姜酒汁	适量
食用油	适量

食材处理

① 将黄骨鱼宰杀洗净，加入姜酒汁。　② 淋入生抽。　③ 加入盐、味精拌均匀。

④ 腌渍 15 分钟。

做法演示

① 油锅烧热放入黄骨鱼，小火煎约 1 分钟。　② 用锅铲翻面。　③ 继续煎约 2 分钟至鱼身呈金黄色且完全熟透。

④ 将煎好的黄骨鱼夹入盘内。　⑤ 淋入少许熟油。　⑥ 撒上葱花即成。

养生常识

★ 黄骨鱼性平味甘，具有利小便、消水肿、祛风、醒酒的作用。

★ 黄骨鱼适宜肝硬化腹水、肾炎水肿、脚气水肿以及营养不良性水肿者食用，也适宜小儿痘疹初期食用。

★ 有痼疾宿病，如支气管哮喘、淋巴结核、癌肿、红斑狼疮以及顽固瘙痒性皮肤病者，忌食或慎食黄骨鱼。

食物相宜

有益补钙

黄骨鱼

＋

豆腐

滋阴补肾
填精补髓

黄骨鱼

＋

生姜

补钙壮骨

黄骨鱼

＋

鸡蛋

杏鲍菇炒肉丝

- 🕐 4分钟
- ⚔ 防癌抗癌
- 🧂 清淡
- 😊 老年人

　　人们喜爱杏鲍菇，喜爱它肥肥壮壮的样子，喜爱它鲜嫩的口感，喜爱它特有的杏仁清香。这道杏鲍菇炒肉丝营养丰富，色、香、味俱全，肉丝、杏鲍菇丝、青椒丝、红椒丝几种色彩搭配得分外热闹，肉嫩菇香，入口爽滑不腻，鲜香的滋味令人回味无穷。

材料

杏鲍菇	100克
瘦肉	80克
青椒丝	20克
红椒丝	20克
姜丝	5克
蒜末	5克

调料

生抽	5毫升
盐	3克
味精	1克
白糖	2克
鸡精	1克
水淀粉	适量
料酒	5毫升
食用油	适量

❶ 将洗净的瘦肉切片后，再切成丝。

❷ 将洗净的杏鲍菇切成丝。

❸ 瘦肉加盐、味精、水淀粉、食用油拌匀，腌 10 分钟。

做法演示

❶ 锅中倒入清水烧开，加盐，倒入杏鲍菇丝。

❷ 加少许料酒拌匀，焯熟捞出。

❸ 将肉丝也放入开水中。

❹ 汆断生后捞出。

❺ 锅中注油烧至四成热，放入肉丝滑油片刻捞出。

❻ 倒入青椒丝、红椒丝、姜丝、蒜末。

❼ 加入杏鲍菇丝，淋入料酒炒香。

❽ 放入肉丝翻炒均匀。

❾ 加生抽、盐、味精、白糖、鸡精调味。

❿ 倒入水淀粉勾芡。

⓫ 淋入熟油，炒匀。

⓬ 盛入盘中即可。

食物相宜

健脾养胃

猪肉

莲藕

降低胆固醇

猪肉

红薯

提高蛋白质的吸收率

猪肉

菜花

杭椒洋葱炒肉

⏱ 3分钟 ✂ 防癌抗癌
🌶 辣 ☺ 一般人群

当杭椒上市时，人们就又有了一种崭新的美味期待。这种看似很辣的辣椒实则口感鲜嫩、脆甜，带有独特的清香气，与肉类搭配烹炒简直妙极。这道菜额外添入了鲜辣的洋葱。鲜浓的汤汁裹着嫩香的肉，一点点的辣味便能点燃你吃的欲望。

材料

瘦肉	200 克
洋葱	100 克
青椒	30 克
红椒	15 克
蒜末	5 克
葱段	5 克
姜片	5 克

调料

盐	3 克
味精	3 克
鸡精	2 克
淀粉	2 克
水淀粉	10 毫升
料酒	3 毫升
生抽	5 毫升
老抽	3 毫升
食用油	适量

食材处理

❶ 将洗净的青椒切开，去籽，切成片。

❷ 将洗净的红椒切开，去籽，切成片。

❸ 将去皮洗净的洋葱切瓣，切成片。

❹ 将洗净的瘦肉切成片。

❺ 瘦肉盛入碗中，加入少许淀粉、盐、鸡精拌匀。

❻ 加水淀粉、食用油拌匀，腌渍10分钟。

❼ 热锅注油，烧至五成热，倒入肉片。

❽ 滑油至转色后便可捞出。

做法演示

❶ 锅底留油，倒入姜片、蒜末、葱段。

❷ 加入切好的青椒、红椒和洋葱炒香。

❸ 倒入肉片，淋入料酒。

❹ 加盐、味精、生抽、老抽炒约1分钟。

❺ 加水淀粉勾芡，继续翻炒片刻至熟透。

❻ 盛出装盘即可。

食物相宜

增强免疫力

洋葱

苦瓜

降压降脂

洋葱

玉米

豉椒炒牛肚

⏱ 3分钟   ✕ 补血养颜
🌶 辣   ☺ 女性

忙碌了一天之后回到家中，总要犒劳一下自己，一顿香浓味美的晚餐便能帮你快速恢复体力。这道菜中，青椒的辛香与豆豉香浓烈且厚重，牛肚软烂入味，咸香微辣，非常开胃下饭。它能轻松激活你的每一条味觉神经，让你吃个痛快、吃到过瘾。

材料		调料	
熟牛肚	200 克	盐	3 克
青椒	150 克	味精	1 克
红椒	30 克	鸡精	1 克
豆豉	20 克	辣椒酱	适量
蒜苗段	30 克	老抽	5 毫升
蒜末	5 克	水淀粉	适量
姜片	5 克	料酒	5 毫升
葱白	5 克	食用油	适量

 ❶ 将已洗净的青椒去蒂和籽，切片。

 ❷ 将洗好的红椒去蒂和籽，切片。

 ❸ 把熟牛肚洗净后斜切成片。

做法演示

 ❶ 用油起锅，倒入蒜末、姜片、葱白爆香。

 ❷ 倒入豆豉爆香。

 ❸ 倒入牛肚炒匀。

 ❹ 加料酒翻炒片刻。

 ❺ 倒入青椒片、红椒片拌炒至熟。

 ❻ 加盐、味精、鸡精、辣椒酱、老抽，拌匀。

 ❼ 加入水淀粉勾芡，淋入少许熟油拌匀。

 ❽ 倒入青蒜苗段翻炒片刻。

 ❾ 出锅装盘即可。

制作指导

✪ 牛肚可先用高压锅煮片刻，炒制时更容易熟烂。

✪ 牛肚切片时，不要切得太厚，否则不易熟烂。

✪ 加入少许辣椒油，味道更好。

养生常识

★ 溃疡、食道炎、咳喘、咽喉肿痛、痔疮患者应少食辣椒。

★ 湿热痰滞内蕴者以及感冒患者不宜多食辣椒。

★ 消化不良及肠胃不好者不要过多食用牛肚。

食物相宜

美容养颜

青椒

＋

茄子

防癌抗癌

青椒

＋

菜花

促进肠胃蠕动

青椒

＋

紫甘蓝

口蘑炒鸡块

⏱ 4 分钟　　✂ 滋补强身
🍶 鲜　　　　😊 一般人群

这是一道简单、易成的快手菜。口蘑与鸡肉无论在口感上还是在香气上，都能较好地共存。细嫩的口蘑吃在嘴里肉肉的、滑滑的，鸡肉嫩香，这种鲜美的味道几乎不需要额外的修饰。营养与美味共舞，一种纯正的自然鲜味也可以打动很多人。

材料		调料	
口蘑	200 克	盐	5 克
鸡肉	400 克	料酒	3 毫升
胡萝卜	20 克	老抽	3 毫升
姜片	15 克	蚝油	3 毫升
葱段	10 克	味精	2 克
		白糖	2 克
		水淀粉	12 毫升
		食用油	适量

① 将洗净的口蘑切成片。

② 将洗净的鸡肉斩块，装入碗中。

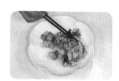
③ 加入料酒、老抽、盐、水淀粉拌匀，腌15分钟。

做法演示

① 炒锅注油烧热，倒入鸡块爆香。

② 放入葱段、姜片、料酒炒匀。

③ 放入口蘑炒2分钟至熟。

④ 加盐、味精、白糖、蚝油调味。

⑤ 用水淀粉勾芡。

⑥ 倒入已经切好的胡萝卜片炒匀。

⑦ 撒入葱段。

⑧ 炒匀至入味。

⑨ 出锅装盘即可。

食物相宜

补五脏、益气血

鸡肉

+

枸杞子

排毒养颜

鸡肉

+

冬瓜

制作指导

- 最好选用鲜蘑，市场上有泡在液体中的袋装口蘑，食用前一定要多漂洗几遍，以去掉某些化学物质。
- 制作此菜肴，不用放过多味精或鸡精。

肉片红菜薹

🕐 3分钟	❌ 增强免疫力
⚖ 咸香	☺ 儿童

　　红菜薹自古就是武汉地区的特色菜品，早在唐朝时即已名扬天下，有"金殿玉菜"之称，与武昌鱼齐名。这种菜色泽艳丽，鲜甜脆嫩，天气愈寒冷，长势愈旺盛，是湖北人的骄傲。这道菜以细嫩柔滑的里脊肉与红菜薹同炒，腾腾热气中的扑鼻香气，定能勾起湖北人无尽的童年记忆。

材料		调料	
里脊肉	150克	盐	3克
红菜薹	400克	味精	1克
蒜蓉	5克	蚝油	3毫升
红椒片	20克	食粉	适量
葱段	5克	水淀粉	适量
姜片	5克	食用油	适量

食材处理

❶ 将洗净的红菜薹切斜段。

❷ 将洗净的里脊肉切片后，放入碗中备用。

❸ 加盐、味精、食粉、水淀粉、食用油拌匀，腌渍 10 分钟。

做法演示

❶ 锅烧热倒入油，倒入肉片。

❷ 滑油片刻后捞出。

❸ 锅底留油，入蒜、红椒片、葱段、姜片爆香。

❹ 倒入红菜薹炒至软。

❺ 放入肉片，改小火。

❻ 加盐、味精、蚝油调味，翻炒至入味。

❼ 淋入水淀粉勾芡汁，翻炒均匀。

❽ 盛入盘中即成。

降低胆固醇

里脊肉

＋

红薯

消食、除胀、通便

里脊肉

＋

白萝卜

制作指导

❀ 粗的红菜薹梗要去皮，然后对切成两半，这样在炒制时红菜薹的成熟度才会一致。

韭菜炒猪肝

🕐 3分钟　　✖ 增强免疫力

🗄 鲜　　　　☺ 儿童

　　这道韭菜炒猪肝是春季补血养肝的经典菜肴。猪肝嫩滑鲜香，富含铁、锌等多种矿物质，有养肝、明目之效；韭菜质嫩，带有独特的辛香味儿。北方的韭菜叶宽、肥壮，南方的韭菜叶窄、细长，尤以初春时节上市的韭菜品质最佳，是爆炒猪肝的绝佳搭档。

材料

猪肝	100克
韭菜	80克
干辣椒	10克
姜丝	20克

调料

盐	3克
水淀粉	10毫升
料酒	3毫升
味精	1克
蚝油	3毫升
芝麻油	适量
食用油	适量

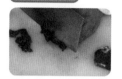 ❶ 将洗净的猪肝切成片。

 ❷ 将洗净的韭菜切成段。

 ❸ 猪肝入碗，加盐、料酒、水淀粉拌匀，腌渍片刻。

做法演示

 ❶ 用油起锅，倒入猪肝略炒。

 ❷ 倒入干辣椒、姜丝，炒香。

 ❸ 倒入韭菜，炒匀。

 ❹ 加盐、味精、蚝油，炒匀调味。

 ❺ 用水淀粉勾芡。

 ❻ 淋入少许芝麻油。

 ❼ 翻炒均匀。

 ❽ 盛出装盘即可。

食物相宜

改善贫血

猪肝

+

菠菜

提高人体免疫力

猪肝

+

腐竹

制作指导

❂ 炒制韭菜的时间不宜过长，以免影响口感。韭菜入锅后，加入调味料的速度要快，翻炒均匀即可出锅。

小炒牛肚

🕐 3分钟　　✖ 增强免疫力

🔲 辣　　☺ 男性

　　谈起牛肚，这种风味独特的菜品似乎有一种魔力，它能让吃货们双眼放光，能轻而易举地让餐桌上的话题热闹起来。人们以大火快炒来维持牛肚脆嫩的口感，颇有嚼劲儿。蒜末、干辣椒的出场，则让这道菜瞬间迸发出浓郁的香气，吃起来鲜香味儿十足，是极好的下酒菜之一。

材料

熟牛肚	200克
蒜苗	50克
红椒	30克
干辣椒	5克
姜片	5克
蒜末	5克

调料

盐	3克
味精	1克
鸡精	1克
料酒	3毫升
水淀粉	适量
辣椒酱	适量
辣椒油	适量
食用油	适量

食材处理

❶ 将洗净的蒜苗切成段。

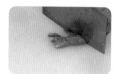
❷ 将洗好的红椒切片。

❸ 将牛肚切片备用。

做法演示

❶ 热锅注油，先倒入蒜末、姜片和干辣椒爆香。

❷ 倒入切好的牛肚。

❸ 加入少许料酒炒香。

❹ 倒入红椒、蒜苗，拌炒均匀。

❺ 加入辣椒酱、辣椒油炒匀。

❻ 加盐、味精、鸡精调味，再加入少许水淀粉勾芡。

❼ 在锅中翻炒片刻至充分入味。

❽ 出锅装入盘中即可食用。

制作指导

✪ 如果使用的是熟牛肚，可以在水里烫一下再炒制；如果使用生牛肚，可以先用葱、姜或料酒在水中煮熟再炒制。

食物相宜

补气血、增强免疫力

牛肚

+

黄芪

补气血、增强免疫力

牛肚

+

萝卜

养生常识

★ 牛肚性平、味甘，归脾、胃经，能防治病后虚羸、风眩等病证。

★ 牛肚含蛋白质、脂肪、钙、磷、铁、维生素 B_1、维生素 B_2、烟酸等，具有补益脾胃、补气养血、补虚益精、消渴的作用，适宜于气血不足、脾胃薄弱之人食用。

豆豉肉片炒冬瓜

🕐 5分钟	✂ 开胃消食
🔖 鲜	🙂 一般人群

众多调味品是中式菜肴口味变化万千的关键，豆豉就是中国人烹饪调味时的秘诀之一。广东人常在菜肴中添加一点点豆豉来调和诸菜、增其美味。正如这道菜，带有独特香味的豆豉在与肉香混合后，变得格外纯正、厚重，就着鲜爽的冬瓜，鲜香味浓，十分下饭。

材料

冬瓜	300克
瘦肉	100克
蒜苗段	15克
豆豉	适量
姜片	5克

调料

盐	3克
味精	1克
蚝油	3毫升
鸡精	1克
水淀粉	适量
食用油	适量

食材处理

❶ 将洗净的瘦肉切片；洗净的冬瓜去皮后切薄片。

❷ 在瘦肉上撒入味精、盐，再淋入水淀粉抓匀。

❸ 倒入少许食用油，腌渍 10 分钟。

做法演示

❶ 油锅烧热，入蒜苗梗、姜片、豆豉，爆香。

❷ 倒入冬瓜片，翻炒均匀，注入少许清水。

❸ 煮沸后加蚝油、鸡精调味。

❹ 倒入肉片。

❺ 淋入少许清水，翻炒至熟透。

❻ 放入蒜苗叶炒匀。

❼ 加入少许盐调味。

❽ 注入少许食用油炒匀。

❾ 出锅装盘即成。

养生常识

★ 冬瓜中的膳食纤维含量很高，膳食纤维含量高的食物对改善血糖水平效果好。另外，膳食纤维还能降低体内胆固醇，降血脂，防止动脉粥样硬化。

★ 冬瓜性凉，不宜生食。

食物相宜

利小便，降血压

冬瓜

口蘑

降低血压

冬瓜

海带

降低血脂

冬瓜

芦笋

豉椒炒鸡翅

🕐 3分钟　　✕ 开胃消食

🖁 咸　　☺ 一般人群

　　豉椒香是烹饪调味中的一种复合香气，豆豉的芳香味夹杂在青红椒的辛香味之中，香气更盛、更丰富。这道菜香辣味厚，豆豉本身就带有一定程度的咸味，能很轻松掌控住整道菜的风味，而完全入味后的鸡翅则肉质细嫩、鲜香，让人吃到停不下来。

材料		调料	
鸡翅	300克	盐	5克
青椒	100克	味精	2克
红椒	100克	白糖	2克
豆豉	15克	淀粉	少许
葱段	5克	料酒	5毫升
蒜片	5克	蚝油	3毫升
姜片	5克	水淀粉	适量
		食用油	适量

❶ 将洗净的鸡翅剔除鸡骨，取肉切成小片。

❷ 将红椒、青椒均洗净，去籽，切成片。

❸ 肉片加入料酒、盐、味精拌匀。

❹ 撒上淀粉拌匀。

❺ 注入少许食用油，腌渍 10 分钟。

做法演示

❶ 用油起锅，入姜、蒜、葱段、豆豉爆香。

❷ 倒入腌好的肉片，翻炒均匀。

❸ 放入青椒片、红椒片，淋入料酒炒匀。

❹ 加盐、味精、白糖、蚝油。

❺ 翻炒至熟透。

❻ 用水淀粉勾芡。

❼ 加入少许熟油炒匀。

❽ 出锅装盘即成。

制作指导

❖ 买来的鸡翅要洗净，并注意将鸡皮上附着的毛拔干净。

食物相宜

美容养颜

青椒

+

苦瓜

有利于维生素的吸收

青椒

+

鸡蛋

促进肠胃蠕动

青椒

+

紫甘蓝

碧绿腰花

🕐 3分钟　　✂ 保肝护肾

⚖ 咸　　☺ 男性

生活需要美味，而美味来源于创新和不断尝试。这道碧绿腰花没有依循爆炒的惯性思路，转而在营养和脆嫩特色上大做文章。翠绿的西蓝花簇拥着腰花摆入盘中，同样的鲜嫩带脆，虽说做起来颇费工夫，但美味与营养兼得，新派做法值得一试。

材料		调料	
西蓝花	150克	盐	5克
猪腰	200克	鸡精	2克
姜片	5克	味精	2克
胡萝卜片	20克	淀粉	适量
葱段	5克	蚝油	3毫升
		料酒	5毫升
		水淀粉	适量
		食用油	适量

❶ 把洗净的西蓝花切成小朵。

❷ 将洗净的猪腰对半切开，切除筋膜。

❸ 将打上"一"字刀化，再斜切成片。

❹ 将猪腰放入碗中，放入姜片。

❺ 加盐、味精、料酒拌匀。

❻ 撒上少许淀粉拌匀，腌至入味。

❼ 锅中注入适量清水，放入少许食用油，加盐、鸡精，烧煮至沸。

❽ 倒入西蓝花焯至熟。

❾ 捞出沥干水。

❿ 在盘中摆好造型。

⓫ 另起锅，注水烧热，倒入猪腰。

⓬ 汆至断生后，捞出沥干。

⓭ 热锅注油，再倒入猪腰。

⓮ 滑油片刻，捞出沥干备用。

做法演示

❶ 锅留底油，放入姜片、葱段、胡萝卜片。

❷ 炒匀后，倒入猪腰，淋入料酒。

❸ 加蚝油、盐、味精调味。

❹ 用水淀粉勾芡。

❺ 翻炒至熟透。

❻ 盛入盘中即可。

尖椒炒腰丝

🕐 3分钟　　❌ 防癌抗癌
🌡 辣　　　　😊 男性

　　嫩香的食物总能轻易勾起吃货们的食欲。这道菜将猪腰、青椒、红椒切成粗细一致的长条，以爆炒的方式让食材表面快速升温、熟化，从而最大限度保留了鲜嫩的口感，同时肉香、椒香、调味香也被充分释放出来，脆嫩鲜香伴着微微的辣味叫人垂涎。

材料		调料	
猪腰	200克	料酒	5毫升
青椒	20克	盐	3克
红椒	20克	淀粉	适量
姜丝	5克	蚝油	3毫升
蒜末	5克	鸡精	1克
葱段	5克	水淀粉	适量
		食用油	适量

❶ 把洗净的猪腰对半剖开，切除内膜。

❷ 切成细丝。

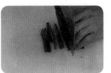

❸ 将洗净的红椒切成丝。

❹ 将洗净的青椒切成丝。

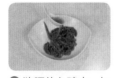

❺ 猪腰放入碗中，加入料酒、盐拌匀。

❻ 撒上淀粉抓匀，腌渍片刻。

❼ 锅注水烧热，放入猪腰汆去血水。

❽ 捞出沥干水分。

做法演示

❶ 炒锅热油，放入姜丝、蒜末爆香。

❷ 倒入猪腰，淋入料酒，翻炒均匀。

❸ 倒入青椒丝、红椒丝，翻炒至断生。

❹ 加入蚝油。

❺ 加入盐、鸡精。

❻ 炒至入味。

❼ 用水淀粉勾芡。

❽ 撒上葱段，翻炒至熟，淋入熟油炒匀。

❾ 出锅装盘即成。

美容养颜

青椒

+

苦瓜

降低血压

青椒

+

空心菜

促进消化、吸收

青椒

+

肉类

第 4 章

蒸蒸煮煮
最养人

食物除了能充饥果腹之外，还能带给人精神上的抚慰。蒸和煮是两种非常聪明的烹饪方法，它们能较好地保留食物中的营养和原始风味，软嫩鲜香、汁浓味美，能轻而易举地勾起人的食欲，也能帮助身体补充水分，让皮肤更滋润，让胃倍感舒适。

浓汤大豆皮

🕐 7分钟　　❌ 增强免疫力

🧂 清淡　　☺ 儿童

　　俗话说"饭前喝汤，苗条健康"，在饭前喝一点汤能帮助人们减轻食欲、促进消化，让身体提早进入饮食状态。一锅浓汤虽好，终归还需小火慢熬、煞费时日。这道浓汤大豆皮做起来超简单，豆皮软嫩、易消化，汤味鲜浓，泡饭吃更是一流。

材料		调料	
大豆皮	300 克	盐	3 克
大葱	50 克	味精	3 克
干辣椒	5 克	鸡汁	20 毫升
姜片	5 克	淡奶	30 毫升
葱白	5 克	料酒	5 毫升
		食用油	适量
		芝麻油	适量

❶ 将洗净的大葱切成3 厘米长的段。

❷ 将洗净的大豆皮切成丝。

做法演示

❶ 用油起锅，倒入姜片、干辣椒。

❷ 加入切好的葱白爆香。

❸ 倒入大葱、大豆皮炒匀。

❹ 淋入少许料酒提鲜味。

❺ 加适量清水，加盐、鸡汁、味精拌匀。

❻ 小火煮约 4 分钟。

❼ 加淡奶拌匀，煮沸。

❽ 加入少许芝麻油拌匀。

❾ 盛入汤碗中即可。

养生常识

★ 中医认为，豆皮性平味甘，有清热润肺、止咳消痰、养胃、解毒、止汗的作用。

★ 豆腐皮营养丰富，蛋白质、氨基酸含量高，儿童食用能提高免疫力，促进身体和大脑的发育；老年人长期食用可延年益寿；孕妇在产后食用，既能快速恢复身体健康，又能增加奶水。

食物相宜

清肺热、止痰咳

豆皮

白菜

滋阴补肾
减肥健美

豆皮

生菜

滋补气血
润肺护肝

豆皮

银耳

蟹黄豆腐

🕐 6分钟　　✂ 增强免疫力
⏳ 清淡　　　☺ 老年人

　　金秋九月，正是母蟹蟹黄最为肥满的时节。异常鲜美的蟹黄是螃蟹身上营养价值最高的部分，素有"海中黄金"之称。这道蟹黄豆腐先以蟹黄、蟹柳炒香制汤，再将鲜浓的汤汁勾芡后，完全附着在嫩滑的豆腐块上，吃起来鲜香浓郁、嫩滑可口。

材料

豆腐	300克
蟹柳	200克
蟹黄	30克
葱花	5克

调料

盐	3克
鸡精	1克
蚝油	5毫升
水淀粉	适量
食用油	适量

❶ 将蟹柳去掉外包装，切段。

❷ 将豆腐洗净，切方块。

❸ 把切好的豆腐块放入盘中备用。

食物相宜

益智强身

豆腐

＋

金针菇

❹ 锅中倒入少许清水，加盐、鸡精。

❺ 倒入豆腐块焯煮约2分钟至熟。

❻ 捞出沥水备用。

做法演示

❶ 起油锅，倒入蟹黄炒散。

❷ 倒入蟹柳。

❸ 注入少许清水。

健脾养胃

豆腐

＋

西红柿

❹ 倒入豆腐块煮沸。

❺ 加盐、鸡精、蚝油拌匀，再煮2分钟至入味。

❻ 加水淀粉勾芡。

❼ 淋入熟油拌匀。

❽ 盛入盘中。

❾ 撒入葱花即成。

干贝蒸水蛋

- ⏱ 12分钟
- ✖ 增强免疫力
- ⚖ 清淡
- 🙂 一般人群

　　"蒸水蛋"是南方人的叫法，北方人称之为"鸡蛋羹"，这道家常菜老少皆宜，能唤起很多人童年时代的美食记忆。热气腾腾的蛋羹入口嫩滑，搭配蟹黄、韭菜甚至酱油，均独具风味。这道菜中加入了干贝，吃起来格外鲜美，让你浑身暖意融融，倍感通畅。

材料		调料	
水发干贝	20克	盐	2克
鸡蛋	3个	料酒	2毫升
生姜片	15克	鸡精	1克
葱条	5克	胡椒粉	适量
葱花	3克	香油	适量

❶ 水发干贝加入生姜片、葱、料酒，入蒸锅蒸 15 分钟。

❷ 干贝蒸熟后取出，待冷却后，用刀压碎备用。

❸ 鸡蛋打散，加盐、鸡精、胡椒粉、香油、温水调匀。

做法演示

❶ 将调好味的蛋液放入蒸锅。

❷ 加盖蒸 8 ~ 10 分钟至熟。

❸ 热锅注油，倒入干贝略炸，捞出。

❹ 取出蒸熟的蛋液．

❺ 撒上炸好的干贝和少许葱花。

❻ 浇上少许热油即成。

制作指导

✪ 在将干贝进行烹调前要泡发，可提前 8 小时左右用少量的热水浸泡，当用手指轻捏即开时，便是发好；也可先用冷水洗一遍，然后盛于碗中，再加入适量的葱、姜、料酒，上笼屉蒸约 2 小时。

养生常识

★ 干贝的营养价值很高，它含有多种人体必需的营养物质。

★ 干贝含有丰富的氨基酸，如氨基乙酸、丙氨酸和谷氨酸，同时它也含有丰富的核酸和矿物质。

★ 干贝具有滋阴、补肾、调中、下气、利五脏的作用。

食物相宜

滋阴润燥

干贝

＋

瓠瓜

滋阴补肾

干贝

＋

瘦肉

糖醋羊肉丸子

- 🕐 3分钟
- ❌ 增强免疫力
- 🧴 酸甜
- 🙂 一般人群

　　丸子是中国人十分喜爱的特色食物。这道菜将羊肉丸以羊汤煮制，原汤原味的做法让肉丸饱含鲜味，再加以勾芡翻炒，肉丸红润的外表下软嫩鲜香、饱满多汁。番茄汁与醋调成的酸甜味更是解腻开胃。将圆圆的肉丸送入口中，鲜美滋味让你的味蕾如沐春风。

材料		调料	
羊肉	250克	番茄汁	适量
马蹄肉	50克	白糖	30克
鸡蛋	1个	盐	3克
羊肉汤	1000毫升	味精	1克
蒜末	5克	淀粉	适量
青椒片	20克	鸡精	1克
红椒片	20克	水淀粉	适量
葱段	5克	食用油	适量

❶ 将洗净的羊肉切碎。

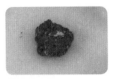

❷ 剁成肉末。

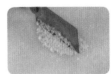

❸ 将马蹄肉拍碎，也剁成末。

❹ 将马蹄末用干净毛巾吸干水分，放入盘中备用。

❺ 羊肉末加入适量盐、味精、鸡精拌匀，打入蛋清，搅拌至起浆。

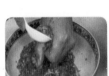

❻ 加入马蹄肉末、淀粉拌匀。

❼ 捶打至上劲。

❽ 在锅中注入羊肉汤烧开。

❾ 用汤匙舀上肉末，捏成肉丸。

❿ 下入烧开的汤中煮3分钟至熟。

⓫ 用漏勺捞出。

⓬ 放入盘中备用。

治疗腹痛

羊肉

＋

生姜

延缓衰老

羊肉

＋

鸡蛋

做法演示

❶ 用油起锅，加入蒜末、青椒、红椒、葱段煸香。

❷ 加入番茄汁，再加少许清水，加白糖和少许盐调匀。

❸ 加水淀粉勾芡。

❹ 倒入羊肉丸拌匀。

❺ 盛入盘中即可。

豆腐蒸黄鱼

🕐 10分钟　　✖ 增强免疫力

🔲 鲜　　　　☺ 老年人

　　中国人深谙食材搭配、口味调和之道，将不同的食材放在一起，香气相互渗透，味道彼此融合，从而极大拓宽了食物的表现空间。这道菜中，豆腐吸收了鱼的鲜味与香气，黄鱼肉质细嫩，其富含的维生素 D 也有助于人体对豆腐中钙的吸收，绝妙搭配别出心裁。

材料		调料	
豆腐	500 克	盐	3 克
黄鱼	400 克	鸡精	1 克
红椒丝	10 克	蒸鱼豉油	适量
青椒丝	10 克	食用油	适量
姜丝	10 克		
葱花	5 克		

食材处理

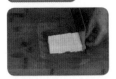

❶ 将洗净的豆腐切成长方块。

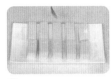

❷ 摆放在盘中,撒上一层盐,备用。

❸ 将收拾干净的黄鱼对半切开。

❹ 再切成块。

❺ 鱼块加盐、鸡精拌匀,腌渍入味。

做法演示

❶ 将腌好的黄鱼放在豆腐块上。

❷ 撒上青椒丝、红椒丝和姜丝。

❸ 把盘放入蒸锅。

❹ 中火蒸约 8 分钟至熟。

❺ 将蒸熟的豆腐黄鱼取出。

❻ 撒上葱花,淋上热油和少许蒸鱼豉油,即成。

制作指导

✿ 豆腐久放后很容易变黏,影响口感。把豆腐放在盐水中煮开,放凉后之后连水一起放在保鲜盒里,再放进冰箱,则可以存放一个星期不变质。

食物相宜

促进骨骼发育

黄鱼

+

西红柿

强身健体

黄鱼

+

荠菜

养生常识

★ 豆腐高蛋白、低脂肪,有降血压、降血脂、降胆固醇的作用。

萝卜鱼骨汤

- ⏱ 15分钟
- ⚗ 清淡
- ✂ 增强免疫力
- ☺ 一般人群

　　人们经常熬制浓醇、鲜美的鱼汤，却少有人知鱼骨熬汤也能达到一样的效果。鱼骨中含有丰富的钙质和微量元素，且其营养成分多为水溶性物质，非常易于被人体吸收。这道萝卜鱼骨汤汤色乳白，营养滋补，毫不油腻，非常鲜美。

材料

白萝卜	500 克
鱼骨	250 克
姜片	10 克

调料

盐	3 克
鸡精	1 克
料酒	10 毫升
食用油	适量

❶ 将洗净的白萝卜刮去薄皮,切丝。

❷ 将洗净的鱼骨斩成小件。

做法演示

❶ 热锅注油,放入姜片,再下入鱼骨略煎。

❷ 加入料酒和适量清水。

❸ 煮至奶白色。

❹ 加盐、鸡精略煮,去除浮沫。

❺ 倒入切好的萝卜丝,煮约2分钟至熟透。

❻ 盛入盘中即可。

食物相宜

祛风、清热、平肝

草鱼

+

冬瓜

补虚利尿

草鱼

+

黑木耳

制作指导

✪ 白萝卜生吃宜选择汁多辣味少者;如果不爱吃凉性食物,则以熟食为宜。

✪ 白萝卜主泻,胡萝卜为补,所以二者最好不要同食。若要一起吃,应加些醋来调和,以利于营养吸收。

✪ 生萝卜与人参、西洋参药性相克,不可同食,以免药效相反,反而起不到补益作用。

虾仁豆腐

⏱ 6分钟 ✖ 增强免疫力
🔺 鲜 ☺ 一般人群

　　豆腐营养丰富、物美价廉，是老百姓生活中最平凡、也最容易出彩的百搭食材。这道虾仁豆腐将豆腐块炸至金黄，辅以虾仁、料酒、蚝油等调出一锅鲜汤，用煮的方式让豆腐充分入味。豆腐中吸饱了鲜浓的汤汁，无处不在的鲜虾味道让人难忘。

材料			调料	
豆腐	250 克		蚝油	5克
虾仁	100 克		老抽	3克
上海青	50 克		盐	1克
葱白	5 克		味精	1克
葱叶	3 克		鸡精	1克
姜片	5 克		水淀粉	适量
蒜末	5 克		料酒	5克
			食用油	适量

❶ 将洗净的虾仁从背部切开。

❷ 将洗好的上海青对半切开，去叶留梗；洗净的豆腐切条块。

❸ 将虾仁加盐、味精、料酒，再加少许水淀粉抓匀，腌渍片刻。

❹ 锅中注水烧热，倒入虾仁。

❺ 汆烫片刻捞起。

❻ 起锅热油，烧至六成热，入豆腐块。

❼ 炸至呈金黄色，捞出沥油。

❽ 另起锅注水烧热，倒入上海青。

❾ 焯煮约1分钟至熟，捞出摆盘。

做法演示

❶ 炒锅热油，加入蒜末、姜片、葱白炒香。

❷ 倒入煮好的虾仁。

❸ 加少许料酒炒匀。

❹ 倒入适量清水，煮至沸腾。

❺ 加入蚝油、老抽、盐、味精、鸡精，炒匀。

❻ 倒入豆腐块炒匀，煮片刻。

❼ 加水淀粉勾芡，倒入葱叶炒匀。

❽ 盛入装有上海青的盘中即成。

食物相宜

润肺止咳

豆腐

+

姜

健脾养胃

豆腐

+

西红柿

锅仔烩酸菜

⏱ 9分钟　　✖ 开胃消食
⚖ 酸　　😊 男性

　　酸菜的腌渍原本是旧时的蔬菜保鲜方法，加上我国北方大白菜的肥美特质，从而造就了北方酸菜的美食传奇。吃酸菜最正宗的做法当属火锅，酸菜入口鲜脆，滋味酸爽，热气腾腾的火锅里有五花肉、老豆腐、土豆片、红薯粉条……满满的都是冬日里的温情。

材料

五花肉	300克
老豆腐	200克
土豆	100克
水发红薯粉条	60克
酸菜	60克
姜片	5克
青椒片	20克
红椒片	20克
蒜末	5克
葱段	5克

调料

盐	3克
鸡精	1克
胡椒粉	适量
食用油	适量

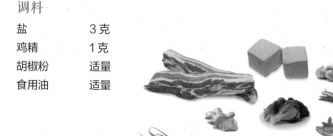

食材处理

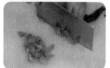

❶ 将洗净的酸菜切成丁。

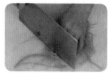

❷ 将洗好的红薯粉条切成长段。

❸ 将洗净的老豆腐切成方块。

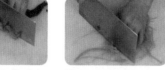

❹ 将洗好的五花肉切成片。

❺ 将去皮洗净的土豆切薄片。

做法演示

❶ 油锅烧热，倒入五花肉，炒至出油。

❷ 放入酸菜炒香。

❸ 注入少许清水，放入姜片、蒜末、葱段。

❹ 加入盐、鸡精，煮至沸。

❺ 倒入土豆，加盖，慢火焖煮约 5 分钟至熟透。

❻ 揭开盖后倒入豆腐块、粉条，拌匀煮沸。

❼ 倒入青椒片、红椒片，拌煮至熟。

❽ 撒上胡椒粉拌匀。

❾ 将煮好的材料盛入干锅中即成。

食物相宜

降低胆固醇

猪肉

＋

红薯

补脾益气

猪肉

＋

莴笋

降低血压

猪肉

＋

南瓜

白水羊肉

⏱ 约3小时　✖ 保肝护肾

⬜ 清淡　☺ 一般人群

　　来自北方草原腹地的羔羊肉是一种至鲜、至美的食材，人们将其以白水煮熟、冷冻、切成薄薄的肉片，即成一道传统特色美食——白水羊肉。这道菜制作非常简单，冷却后的羊肉色泽泛白，好切，蘸着佐料吃，细嫩鲜香、毫不腻口，是佐餐下酒的极品。

材料		调料	
羊肉	500克	料酒	5毫升
姜片	5克	盐	适量
葱条	5克		
八角	适量		
桂皮	适量		
蒜末	5克		

❶ 锅中加入适量清水烧热。

❷ 放入姜片。

❸ 放入葱条、八角、桂皮。

❹ 盖上盖子，用大火烧开。

❺ 揭盖后倒入料酒。

❻ 加入少许盐拌匀。

❼ 放入羊肉。

❽ 加盖烧开，转小火煮 1 小时。

❾ 煮好的羊肉待凉后，放入冰箱冷冻 1 ~ 2 小时。

❿ 取出冻好的羊肉切薄片。

⓫ 与蒜末一起装盘，蘸食即可。

治疗风湿性关节炎

羊肉

＋

香椿

健脾养胃

羊肉

＋

山药

制作指导

✪ 在白萝卜上戳几个洞，放入冷水中和羊肉同煮，滚开后将羊肉捞出，再进行烹饪，即可去除膻味。

✪ 将羊肉切块放入水中，加点米醋，待煮沸后捞出羊肉，再继续烹调，即可去除膻味。

✪ 涮羊肉、烤羊肉务必熟透后再吃，也尽量不要喝未经处理的羊奶。

微波炉盐水虾

⏰ 12分钟		✖ 保肝护肾	
📦 鲜		😊 男性	

　　盐水虾是出自我国江南水乡的经典家常菜式，不加额外的配料，仅以少许盐来帮助调味，滋味咸鲜，鲜嫩的虾肉吃起来非常可口。这道菜使用微波炉的"蒸"功能来达到同样的效果，最大限度地保留了鲜虾的原汁原味，操作更为简单，几乎零失败。

材料

基围虾	300 克
姜丝	5 克
葱花	5 克

调料

盐	2 克
料酒	10 毫升

食材处理

❶ 将洗净的基围虾剪去虾脚和头须。

❷ 把处理干净的基围虾装入碗中。

❸ 加入料酒、盐，拌均匀。

❹ 加入准备好的姜丝、葱花。

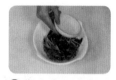

❺ 加入约 100 毫升清水。

做法演示

❶ 把基围虾放入微波炉中。

❷ 选择"蒸海鲜"功能，时间设定为 11 分钟。

❸ 基围虾蒸熟，打开微波炉门，取出即可食用。

制作指导

- ✪ 处理基围虾时，应该将虾须、虾爪剪去，并剔去虾线。
- ✪ 吃虾期间严禁同时服用大量维生素 C，否则可生成有毒的三价砷。
- ✪ 煮白灼虾的时候，可在开水中放入柠檬片，这样可使虾肉更香，味更美，而且无腥味。
- ✪ 干虾要经过浸发才可除去异味，因此第一次浸的水异味很重，不能用来烹煮，第二次浸的水才可用来烹煮。

食物相宜

补脾益气

虾

+

香菜

补肾壮阳

虾

+

枸杞子

上汤皇帝菜

🕐 10分钟　　✂ 降低血压

🧂 清淡　　　☺ 老年人

　　茼蒿原为宫廷皇室的贡菜，故有"皇帝菜"之名，何曾想如今也登上了寻常百姓的餐桌。茼蒿入口脆嫩甘香，最宜以水煮熟后食用，独特的清香气久久不散。这道菜将茼蒿以沸水焯煮后又淋入上汤汁，滋味清鲜，一片翠绿间点缀着几缕红丝，让人食欲大开。

材料		调料	
皇帝菜	300克	盐	3克
蒜片	5克	味精	1克
红椒丝	20克	鸡精	1克
		食用油	适量

❶ 用油起锅，倒入蒜片。

❷ 炸香后捞出。

做法演示

❶ 锅中倒入适量清水，加适量盐、味精烧开。

❷ 放入已洗好的皇帝菜。

❸ 用锅铲拌匀。

❹ 焯至断生。

❺ 盛出，整齐地码入盘中备用。

❻ 另起锅，加少许清水烧开，倒入蒜片、红椒丝。

❼ 加适量食用油、鸡精、盐调成上汤汁。

❽ 将上汤汁淋在盘中的皇帝菜上即成。

食物相宜

健脾养胃

皇帝菜

＋

粳米

预防便秘

皇帝菜

＋

蜂蜜

养生常识

★ 皇帝菜做汤或凉拌适合胃肠功能不好的人食用，皇帝菜与肉、蛋等荤菜共炒，可提高其维生素 A 的利用率。

★ 皇帝菜辛香滑利，腹泻者不宜多食。

★ 皇帝菜含有多种氨基酸、脂肪、蛋白质及较高量的钠、钾等矿物盐，能调节体内水液代谢，通利小便，清除水肿。皇帝菜还可以养心安神、稳定情绪、降压补脑、防止记忆力减退。

菠菜猪肝汤

⏱ 5分钟　　✂ 降低血压
🔺 鲜　　　 ☺ 老年人

　　南方人擅长煲汤，汤醇味鲜，汤中浸出的大量营养物质易于被人体吸收，进而可达到美味与补益的双重效果。这道汤中的菠菜富含铁质，入口柔软滑嫩，猪肝更是补肝养血、明目的佳品。两种食材都具有一定的补血作用，搭配煲汤效果更佳。

材料		调料	
菠菜	100克	高汤	适量
猪肝	70克	盐	3克
姜丝	5克	鸡精	1克
胡萝卜片	20克	白糖	2克
		料酒	3毫升
		葱油	适量
		味精	1克
		水淀粉	适量
		胡椒粉	适量

食材处理

❶ 将猪肝洗净切片。

❷ 把菠菜洗净,再对半切开。

❸ 猪肝片加料酒、盐、味精、水淀粉拌匀,腌渍片刻。

做法演示

❶ 锅中倒入高汤,放入姜丝。

❷ 加入适量盐。

❸ 放入鸡精、白糖、料酒烧开。

❹ 倒入猪肝拌匀煮沸。

❺ 放入菠菜、胡萝卜片拌匀。

❻ 煮1分钟至熟透,淋入少许葱油。

❼ 撒入胡椒粉拌匀。

❽ 将做好的菠菜猪肝汤盛出即可。

制作指导

✪ 菠菜所含的铁量非常丰富,但是刚刚采收的菠菜上含有少许草酸,这种物质会影响人体对铁的吸收。所以食用前,最好把菠菜先焯一下水,这样更有利于健康。

食物相宜

保持心血管畅通

菠菜

+

胡萝卜

美白肌肤

菠菜

+

花生

防治贫血

菠菜

+

猪肝

海带丸子汤

⏱ 5分钟　　✖ 降压降糖

🧂 鲜　　　😊 高脂血症患者

　　煲出一锅汤的鲜味可以有很多办法，其中借助食材本身的鲜味最简单、最纯正，也最有效。海带就是这样一种独具鲜味的食材，能轻松掌控汤味的走向。这道海带丸子汤肉丸细嫩爽滑，以鸡肉、火腿、菌菇熬制的高汤为这道菜注入了灵魂，让汤的味道更加香郁、鲜浓。

材料		调料	
海带结	200 克	盐	3 克
肉丸	150 克	白糖	2 克
姜丝	5 克	鸡精	1 克
葱花	5 克	料酒	5 毫升
		高汤	适量
		胡椒粉	适量
		食用油	适量

❶ 热锅注油，倒入姜丝爆香。

❷ 倒入高汤。

❸ 放入洗好的肉丸和海带结。

❹ 加入盐、鸡精、白糖、料酒拌匀。

❺ 加盖，大火烧开。

❻ 揭盖，捞去浮沫。

❼ 撒上少许葱花，加少许胡椒粉。

❽ 用锅勺拌匀。

❾ 盛出装入碗中即可食用。

养生常识

★ 海带的含碘量很丰富，很适合精力不足、缺碘人群、气血不足及肝硬化腹水和神经衰弱者食用。除此之外，骨质疏松、营养不良性贫血以及头发稀疏者也可以经常食用海带。

★ 两类人不适宜大量食用海带。第一类是孕妇，一方面是海带有催生的作用，另一方面海带含碘量非常高，过多食用会影响胎儿甲状腺的发育，所以孕妇要慎吃。第二类是脾胃虚寒的人。从中医的角度来讲，海带是属于寒性的食物。因此，脾胃虚寒者吃海带的时候不要一次吃太多。此外，不要跟一些寒性的物质，如冰水、鸭肉、黄瓜等食物搭配，否则会引起肠胃不舒服，很容易引起腹泻。

★ 食用海带时，从安全角度出发，一定要洗干净，并用较多水浸泡，海带经水浸泡以后，砷和砷的化合物溶解在水中，含砷量会大大减少。

清热利尿
降脂降压

海带

冬瓜

润泽肌肤

海带

猪排骨

调理肠胃

海带

鸡蛋

玉米鲫鱼汤

🕐 30分钟	✖ 降压降糖
🔺 鲜	☺ 一般人群

　　自古鲫鱼便因食疗价值享有美名，冬天鲫鱼的肉质最为肥美，故在民间又有"夏鲇秋鲤冬鲫"一说。这道玉米煲鲫鱼汤营养滋补，具有健脾开胃、益气补虚的食疗作用，玉米香甜，鱼肉细嫩味鲜。在寒冷的天气里喝上一大碗暖暖的鱼汤，十分受用。

材料

玉米	1根
净鲫鱼	500克
姜片	25克

调料

盐	3克
鸡精	1克
食用油	适量

❶ 将洗净的玉米斩小件。

❷ 炒锅注油烧热，放入姜片。

❸ 下入鲫鱼，煎至两面断生。

❹ 注入适量清水拌均匀。

❺ 盖上盖，大火烧开。

❻ 揭盖，倒入玉米拌匀，中火煮至沸腾。

❼ 加盐、鸡精调味。

❽ 拌煮至入味，捞去浮沫。

❾ 将锅中的材料转至砂锅。

❿ 砂锅置于火上，盖上盖，煲开后转小火煮20分钟。

⓫ 关火，取下砂锅即可食用。

健脾益胃，助消化

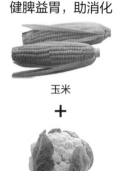

玉米

＋

菜花

健胃消食，清暑热

玉米

＋

梨

制作指导

❂ 鲫鱼肉质细腻鲜美，适合红烧、干烧、清蒸、炖煮，但以炖煮最为普遍，也最具营养价值和食疗价值。

养生常识

★ 鲫鱼是发物，不适合感冒的人食用。

★ 冬令时鲫鱼最为肥美，营养物质也积聚得最多。冬令时，将鲫鱼和豆腐做成汤饮用，不仅能补充蛋白质，还能促进人体对钙质的吸收，有强身、健骨、增强体质的作用。此外，用陈皮和鲫鱼煮汤，则有温中散寒、补脾开胃的作用。

什锦蔬菜汤

⏰ 18分钟　　✂ 开胃消食
🔺 清淡　　😊 一般人群

　　每一种蔬菜都有着独特的口感与味道，将它们汇聚起来煲成汤，蔬菜间彼此独立、又相互支撑，让汤的风味富于变化。这道什锦蔬菜汤营养丰富，滋味清淡、鲜爽，好几种蔬菜纵横交错在碗底，鲜嫩与爽脆共舞，满眼的红、白、黄、绿，一片盎然生机。

材料
白萝卜	350 克
西红柿	60 克
苦瓜	40 克
黄豆芽	30 克
葱	10 克

调料
盐	3 克
鸡精	2 克
食用油	适量

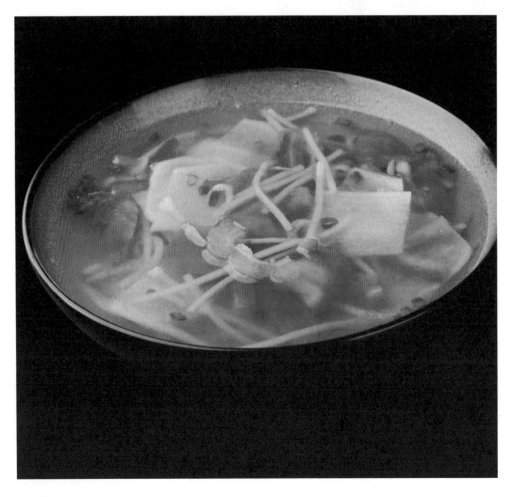

食材处理

❶ 将去皮洗净的白萝卜切成片。

❷ 将洗好的苦瓜切开，去除籽，改切成片。

❸ 将洗净的西红柿切成片。

❹ 将洗好的黄豆芽切去根部。

❺ 将葱洗净切成葱花。

做法演示

❶ 取炖盅，加入约1000毫升清水。

❷ 加盖烧开。

❸ 揭盖，倒入切好的苦瓜、白萝卜。

❹ 再倒入黄豆芽、西红柿。

❺ 盖上盅盖。

❻ 选择"家常"功能中的"快煮"功能，煮15分钟。

❼ 加入食用油，再加入鸡精、盐，拌匀调味。

❽ 加入葱花，拌匀。

❾ 将煮好的蔬菜盛入碗中即成。

食物相宜

补五脏，益气血

白萝卜

＋

牛肉

清肺热，治咳嗽

白萝卜

＋

紫菜

养生常识

★ 白萝卜若要和胡萝卜一起食用，应加醋调和。

冬瓜鲫鱼汤

- 🕐 7分钟
- ✂ 消暑开胃
- 🏷 清淡
- 😊 一般人群

夏季室外蒸腾的暑气让人口干舌燥，饥肠辘辘，一碗清热、美味的鲫鱼汤绝对可以帮你找回自己的最佳状态。这道冬瓜鲫鱼汤做起来非常方便，鲫鱼肉嫩、味鲜，冬瓜入口嫩软，能吸收鱼汤里多余的油脂，让汤味更鲜，是夏季解暑、养生的佳品。

材料		调料	
冬瓜	200 克	盐	3 克
净鲫鱼	400 克	鸡精	1 克
姜片	5 克	胡椒粉	适量
香菜段	5 克	食用油	适量

❶ 把去皮洗净的冬瓜切薄片。

❷ 锅中注水烧开，加盐、鸡精、姜片调味。

❸ 将切好的冬瓜倒入锅中。

❹ 放入鲫鱼。

❺ 倒入少许食用油。

❻ 盖上盖，用中火煮至鲫鱼熟透。

❼ 揭开盖，撒上胡椒粉调味。

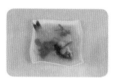

❽ 搅拌均匀。

❾ 出锅盛入盘中，撒上香菜即可。

制作指导

- ✪ 要选用身体扁平、颜色偏白、眼球黑白分明、眼面发亮的鲫鱼。

- ✪ 鲫鱼肚子内的黑膜不可食用，烹饪前要将其去除，可以去除腥味。

- ✪ 鲜鱼剖开洗净后，在牛奶中泡一会儿既可除腥，又能增加鲜味。

- ✪ 将鱼去鳞剖腹洗净后，放入盆中，倒一些黄酒，就能除去鱼的腥味，并能使鱼滋味鲜美。

- ✪ 要选用外皮坚硬、肉质紧密的冬瓜。

- ✪ 用一块较大的保鲜膜贴在冬瓜的切面上，用手抹紧贴满，可保鲜3～5天。

养生常识

- ★ 鲫鱼适合慢性肾炎水肿、肝硬化腹水、营养不良、孕妇产后乳汁缺少以及脾胃虚弱、食欲不振、小儿麻疹初期、痔疮出血者等食用。

- ★ 冬瓜适合心烦气躁、口干烦渴、小便不利者食用。

- ★ 阳虚体质和素有内热者不宜食用鲫鱼，易生热而生疮疡者也应忌食。

食物相宜

降低血压

冬瓜

＋

海带

降低血脂

冬瓜

＋

芦笋

利小便，降血压

冬瓜

＋

口蘑

凉拌有方

凉菜是饭桌上首先与食客见面的菜品，故有"见面菜"或"迎宾菜"之称。因此，凉菜做得好不好，直接影响到食客对餐膳的印象。凉菜看似简单，其实十分讲究，需要正确、娴熟的刀工，协调的色泽搭配，以及优美的装盘造型，三大要素缺一不可。

做好凉拌菜的要点

食材的处理

做素凉菜一定要挑选新鲜的蔬菜，用清水多冲洗几遍，特别是沟凹处的污垢要抠挖干净。蔬菜洗净后，用煮沸的水烫几分钟，捞出后即可切制。做荤凉菜时，肉一定要煮熟煮透。切熟肉的刀和案板，必须和切生肉、生菜的刀、案板分开。

烹饪与刀工同样重要

要做出美味凉菜，首先要练好制作凉菜的基本功。

一是掌握好各种凉菜的烹制方法。凉菜并不等于简单的凉拌菜，而是采用拌、泡、腌、卤、熏、冻、炸收、糟醉、糖粘等多种技法烹制出来的冷吃菜肴。只有掌握好这些烹饪方法，才能制作出清新可口的凉菜。

二是娴熟地运用各种刀工技法。刀工是决定凉菜形态的主要工序。在操作上必须认真精细，做到整齐美观，大小相等，厚薄均匀，使改刀后的凉菜形状达到菜肴质量的要求。

如何拌凉菜

拌凉菜时，应用干净的筷子，而不要用手拌。按凉菜的原料又可分为生拌、熟拌两种。生拌是以鲜嫩的蔬果为主料，经刀工处理、调味而成；熟拌则要先将原料断生。

- 要将食材在净水中反复清洗，或在沸水里烧透、煮熟。
- 配合刀法，让菜肴造型美观，且保存其营养成分。
- 学会调味。一般凉拌菜可加点葱、蒜、姜末或醋等。

摆盘时要注意五点

第一，菜肴与菜之间、主料与辅料之间、主料与调料之间、菜与盛器之间色彩要调和。

第二，各种不同质地的原料要相互配合，软硬搭配，能定型的原料要整齐地摆在表面，碎小的原料可以垫底。

第三，原料与盛器的颜色要协调。

第四，造型要大方而富有美感，颜色相近的食材间隔摆放，使装盘后的凉菜色形相映，赏心悦目。

第五，摆盘的形式和花样要富于变化，可根据原料选用排列式、堆放式、环围式等。

蔬菜的凉拌方法与配料

夏天食欲不振的时候，很多人都愿意吃凉拌菜。营养学研究证明，生吃更易于获得蔬菜里的营养，因为蔬菜中一些人体必需的生物活性物质在 55℃ 以上时，内部性质就会发生变化，营养就会丢失，而吃凉拌菜则可以减少这种情况的发生。

生食蔬菜凉拌

可生食的蔬菜多半有甘甜的滋味及脆嫩口感，因加热会破坏养分及口感，通常只需洗净即可直接调味、拌匀、食用。洗一洗就可生吃的蔬菜包括胡萝卜、白萝卜、西红柿、黄瓜、柿子椒、大白菜心等。生吃最好选择无公害的绿色蔬菜或有机蔬菜。

生、熟食蔬菜凉拌

这类蔬菜气味独特，口感爽脆，常含有大量膳食纤维。洗净后直接调拌生吃，口味十分清鲜；若以热水焯烫后拌食，则口感会变得稍软，但还不致减损原味，如芹菜、甜椒、芦笋、秋葵、苦瓜、白萝卜、海带等。

须焯烫后的蔬菜凉拌

这类蔬菜通常是淀粉含量较高或具生涩气味的蔬菜，但只要以热水焯烫后即可有脆嫩口感及清鲜滋味，加点调味料调拌即可食用。

类别	介绍	菜品列举
十字花科蔬菜	焯烫后的口感更好，纤维素也更容易消化	西蓝花、花椰菜等
富含草酸的蔬菜	焯烫后可去除大部分草酸，有助于人体对钙的正常吸收	菠菜、竹笋、茭白等
芥菜类蔬菜	含有硫代葡萄糖苷，经水解后能产生挥发性芥子油，促进消化吸收	大头菜等
部分野菜	焯烫一下能彻底去除尘土和小虫，又可防止过敏	马齿苋等

做凉拌菜必备的六大配料

盐：能提供菜肴适当咸度，增加风味，还能使蔬菜脱水，适度发挥防腐作用。

酒：通常用米酒、黄酒及高粱酒，主要作用为去腥，能加速发酵及杀死发酵后产生的不良菌。

葱姜蒜：味道辛香，能去除材料的生涩味或腥味，并降低泡菜发酵后的特殊酸味。

糖：能引出蔬菜中的天然甘甜，使菜肴更加美味。用糖腌泡菜，还能加速发酵。

醋：能够除去蔬菜根茎的天然涩味，腌泡菜时还有加速发酵的作用。

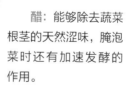

花椒：腌拌后能散发出特有的"麻"味，是增添菜肴香气的必备配料。

30 种凉菜调味汁的配制方法

　　凉菜在制作调味上是很讲究的，在制作凉菜时，若能掌握各种调味方法，不仅凉爽可口、营养丰富，还能增进食欲。常用的凉菜调味汁有以下 30 种配制方法。

1. 盐味汁

　　以盐、味精、香油加适量鲜汤调和而成，为白色咸鲜味。适用于拌食鸡肉、虾肉、蔬菜、豆类等，如盐味鸡脯、盐味虾、盐味蚕豆、盐味莴笋等。

2. 酱油汁

　　以酱油、味精、香油、鲜汤调和制成，为红黑色咸鲜味。用于拌食或蘸食肉类主料，如酱油鸡、酱油肉等。

3. 蚝油汁

　　用料为蚝油、盐、香油，加鲜汤烧沸，为咖啡色咸鲜味。用以拌食荤料，如蚝油鸡、蚝油肉片等。

4. 糟油

　　用料为糟汁、盐、味精，调匀后为咖啡色咸香味。用以拌食禽、肉、水产类原料，如糟油凤爪、糟油鱼片、糟油虾等。

5. 姜味汁

　　用料为生姜、盐、味精、油。生姜挤汁，与调料调和，为白色咸香味。最宜拌食禽类，如姜汁鸡块、姜汁鸡脯等。

6. 蒜泥汁

　　用料为生蒜瓣、盐、味精、麻油、鲜汤。蒜瓣捣烂成泥，加调料、鲜汤调和，为白色。拌食荤素皆宜，如蒜泥白肉、蒜泥豆角等。

7. 茶熏味

　　用料为盐、味精、香油、茶叶、白糖、木屑等。做法为先将原料放在盐水汁中煮熟，然后在锅内铺上木屑、白糖、茶叶，加箅，将煮熟的原料放箅上，盖上锅盖用小火熏，使烟剂凝结于原料表面。禽、蛋、鱼类皆可熏制，如熏鸡脯、五香鱼等。注意锅中不可着旺火。

8. 虾油汁

　　用料有虾、盐、味精、香油、绍酒、鲜汤。做法是先用香油炸香虾，再加调料烧沸，为白色咸鲜味。用以拌食荤素菜皆可。

9. 蟹油汁

　　用料为熟蟹黄、盐、味精、姜末、绍酒、鲜汤。蟹黄用植物油炸香后加调料烧沸，为橘红色咸鲜味。多用以拌食荤料，如蟹油鱼片。

10. 韭味汁

　　用料为腌韭菜花、味精、香油、盐、鲜汤，腌韭菜花用刀剁成蓉，然后加调料鲜汤调和，为绿色咸鲜味。拌食荤素菜肴皆宜。

11. 麻叶汁

　　用料为芝麻酱、盐、味精、香油、蒜泥。将麻酱用香油调稀，加盐、味精蒜泥调和均匀，为赭色咸香味。拌食荤素原料均可。

12. 椒麻汁

　　用料为生花椒、生葱、盐、香油、味精、鲜汤。将花椒、生葱同制成细蓉，加调料调和均匀，为绿色咸香味。拌食荤食，如椒麻鸡片、野鸡片、里脊片等。忌用熟花椒。

13. 酱醋汁

　　用料为酱油、醋、香油。调和后为浅红色，为咸酸味型。用以拌菜或炝菜，荤素皆宜，如炝腰片、炝胗肝等。

14. 糖油汁

　　用料为白糖、麻油，为白色甜香味。调后可用来拌食蔬菜，如糖油黄瓜、糖油莴笋等。

15. 葱油

　　用料为生油、葱末、盐、味精。葱末入油后炸香，即成葱油，再同其他调料拌匀，为白色咸香味。用以拌食禽、蔬、肉类原料。

16. 酒味汁

用料为优质白酒、盐、味精、香油、鲜汤。将调料调匀后加入白酒，为白色咸香味，也可加酱油成红色。用以拌食水产品、禽类较宜，如醉青虾、醉鸡脯，以生虾最有风味。

17. 芥末糊

用料为芥末粉、醋、味精、香油、糖。做法为用芥末粉加醋、糖、水调和成糊状，静置半小时后再加其他调料调和，为淡黄色咸香味。用以拌食荤素均宜，如芥末肚丝、芥末鸡皮苔菜等。

18. 五香汁

用料为五香料、盐、鲜汤、绍酒。做法为鲜汤中加盐、五香料、绍酒，将原料放入汤中，煮熟后捞出冷食。最适宜煮禽内脏类，如盐水鸭肝等。

19. 红油汁

用料为红辣椒油、盐、味精、鲜汤，调和成汁，为红色咸辣味。用以拌食荤素原料，如红油鸡条、红油鸡、红油笋条、红油里脊等。

20. 胡椒汁

用料为白胡椒、盐、味精、香油、蒜泥、鲜汤。调和成汁后，多用于炝、拌肉类和水产原料，如拌鱼丝、鲜辣鱿鱼等。

21. 醋姜汁

用料为黄香醋、生姜。将生姜切成末或丝，加醋调和，为咖啡色酸香味。适宜于拌食鱼虾，如姜末虾、姜末蟹、姜汁肴肉等。

22. 三味汁

由蒜泥汁、姜味汁、青椒汁三味调和而成，为绿色。用以拌食荤素皆宜，如炝菜心、拌肚仁、三味鸡等，具有独特风味。

23. 咖喱汁

用料为咖喱粉、葱、姜、蒜、辣椒、盐、味精、油。咖喱粉加水调成糊状，用油炸成咖喱浆，加汤和其他调料调成汁，为黄色咸香味。调禽、肉、水产都宜，如咖喱鸡片、咖喱鱼条等。

24. 酱汁

用料为面酱、盐、白糖、香油、清汤。先将面酱炒香，加入白糖、盐、清汤、香油后，再将原料入锅靠透，为赭色咸甜型。可用来酱制菜肴，荤素均宜，如酱汁茄子、酱汁肉等。

25. 糖醋汁

以糖、醋为原料，调和成汁后，拌入主料中，用于拌制蔬菜，如糖醋萝卜、糖醋番茄等；也可以先将主料炸或煮熟后，再加入糖醋汁炸透，成为滚糖醋汁。多用于荤料，如糖醋排骨、糖醋鱼片。还可将糖、醋调和入锅，加水烧开，凉后再加入主料浸泡数小时后食用，多用于泡制蔬菜的叶、根、茎、果，如泡青椒、泡黄瓜、泡萝卜、泡姜芽等。

26. 山楂汁

用料为山楂糕、白糖、白醋、桂花酱，将山楂糕打烂成泥后加入调料调和成汁即可。多用于拌制蔬菜果类，如楂汁马蹄、楂味鲜菱、珊瑚藕等。

27. 茄味汁

用料为番茄酱、白糖、醋。做法是将番茄酱用油炒透后，加白糖、醋、水调和。多用于拌熘荤菜，如茄汁鱼条、茄汁大虾、茄汁鸡片等。

28. 青椒汁

用料为青辣椒、盐、味精、香油、鲜汤。将青椒切剁成蓉，加调料调和成汁，为绿色咸辣味。多用于拌食荤食原料，如椒味鱼条等。

29. 鲜辣汁

用料为糖、醋、辣椒、姜、葱、盐、味精、香油、鲜汤。将辣椒、姜、葱切丝炒透，加调料、鲜汤成汁，为咖啡色酸辣味。多用于炝腌蔬菜，如酸辣白菜、酸辣黄瓜等。

30. 麻辣汁

用料为酱油、醋、糖、盐、味精、辣油、麻油、花椒面、芝麻粉、葱、蒜、姜，将以上原料调和后即可。用以拌食主料，荤素皆宜，如麻辣鸡条、麻辣黄瓜、麻辣肚、麻辣腰片等。

凉拌方式对营养的影响

凉拌菜的搭配食材多样，凉拌的方式也五花八门，那么，怎样可以让拌出来的凉菜既营养全面，又有利于人体对营养素的吸收呢？请看以下的介绍。

1. 拌

拌是把生的原料或加热晾凉后的原料，经切制成小型的丁、丝、条、片等形状后，加入各种调味品拌匀的方法。拌制菜肴具有清爽鲜脆的特点。如蔬菜沙拉、胶东四大拌、芥末鲜鱿等，加食醋有利于维生素 C 的保存；加植物油有利于胡萝卜素的吸收；加葱、蒜能提高维生素 B_1、维生素 B_2 的利用；若荤素搭配，则能有效地调节菜肴中营养素的数量和比例，起到平衡膳食的作用。

2. 炝

炝是先把生原料切成丝、片、块、条等，用沸水稍烫一下，或用油稍滑一下，然后滤去水分或油分，加入以花椒油为主的调味品，最后进行拌制。炝制菜则具有鲜醇入味的特点，如炝西芹、炝腰片等，由于加热时间短，能有效地保存西芹中的维生素和腰片中的 B 族维生素。

3. 酱

酱是将原料先用盐或酱油腌渍，放入用油、白糖、料酒、香料等调制的酱汤中，用旺火烧开后撇去浮沫，再用小火煮熟，然后用微火熬浓汤汁，涂在成品的皮面上。酱制菜肴具有味厚馥郁的特点，品种主要有酱油嫩鸡、杭州酱鸭、五香酱牛肉等。由于长时间加热，原料中的蛋白质变性，氨基酸、有机酸、多肽类物质充分溶解出来，有利于风味的形成和消化吸收。

4. 卤

卤是将原料放入调制好的卤汁中，用小火慢慢浸煮卤透，使卤汁的滋味慢慢渗入原料里。卤制菜肴具有醇香酥烂的特点。其制品有卤肘子、卤牛肚、卤豆腐干、卤鸭舌等。卤的原料大多是家畜、家禽、豆制品等蛋白质含量丰富的原料，因而卤水及成品滋味鲜美。

5. 腌

腌是用调味品将主料浸泡入味的方法。腌渍凉菜不同于腌咸菜，咸菜是以盐为主，腌渍的方法也比较简单，而腌渍凉菜须用多种调味品，口味鲜嫩、浓郁。由于盐的渗透作用，易造成凉菜中水溶性的维生素和矿物质的流失。

6. 酥

酥制冷菜是原料在以醋、白糖为主要调料的汤汁中，经慢火长时间煨焖，使主料酥烂，醇香味浓。酥的主要品种有酥鱼、酥排骨、酥海带，酸性条件下长时间加热，有利于鱼和排骨中钙质的软化与吸收。

7. 熏

熏是将经过蒸、煮、炸、卤等方法烹制的原料，置于密封的容器内，用燃料燃烧时的烟气熏，使烟火味焖入原料，形成特殊风味的一种方法。经过熏制的菜品，色泽艳丽，熏味醇香，并可以延长保存时间，如生熏带鱼、熏鸭等。

8. 冻

冻是将原料放入盛有汤和调味品的器皿中，上屉蒸烂，或放入锅里慢慢炖烂，然后使其自然冷却或放入冰箱中冷却。成菜具有清澈晶亮、软韧鲜醇的特点。冻菜在夏天制作时，要选用脂肪含量相对较少的原料，如冻鱼、冻虾仁。还可用琼脂、新鲜果肉等原料加工成果冻，既补充维生素，又清凉解暑。

泡菜的制作技巧

泡菜是一种以湿态发酵方式加工制成的浸制品，为泡酸菜类的一种。泡菜的主要原料是各种蔬菜，制作简单，成本低廉，风味可口，也利于贮存。在我国四川、湖南、湖北、河南、广东、广西等地民间均有自制泡菜的习惯。

1. 泡菜制作三大关键

容器、盐水、调料的把握和运用是制作泡菜的关键所在。要泡制色香味形俱佳、营养卫生的泡菜，应掌握原料性质，注意选择容器、制备盐水、搭配调料、装坛等技术。

制备泡菜的容器应选择火候老、釉质好、无裂纹、无砂眼、吸水良好、缸音清脆的泡菜坛子。原料的选择原则以品种当令、质地鲜嫩、肉厚硬健、无虫咬、烂痕、斑点者为佳。

泡菜盐水的配制对泡菜质量有重要影响，一般选择含矿物质较多的井水和泉水配制泡菜盐水，能保持泡菜成品的脆性。盐宜用品质良好、含苦味物质极少者为佳，最好用井盐。新盐水制作泡菜，头几次的口味较差，但随着时间推移和精心调理，泡菜盐水会达到令人满意的要求和风味。

调料是泡菜风味形成的关键，包括佐料和香料。佐料有白酒、料酒、甘蔗、醪糟汁、红糖和干红辣椒等。香料在泡菜盐水内起着增香、除异味去腥的作用，具体有白菌、排草、八角、山柰、草果、花椒、胡椒等。

- 做泡菜还应注意食用量，吃多少就从泡菜坛内捞出多少，没食用完的泡菜不能再倒入坛内，防止坛内泡菜变质。

2. 泡菜风味的控制

一般泡菜有四种提味方法：本味，泡什么味就吃什么味，不再进行加工或烹饪；拌食，在保持泡菜本味的基础上，视菜品自身特性或客观需要，再酌加调味品拌之，如泡萝卜加红油、花椒末等；烹食，按需要将泡菜经刀功处置后烹食，有素烹、荤烹之别，如泡豇豆，既可同干红椒、花椒、蒜苗炝炒，还可与肉类合烹；改味，将已制成的泡菜，放入另一种味的盐水内，使之具有复合味。

调味料类别	名称	作用
作料	白酒、料酒、醪糟汁	辅助渗透盐味、保嫩脆、杀菌
	甘蔗	吸收异味，防变质
	红糖、干红辣椒	调和诸味、增加鲜味
香料	山柰	保持泡菜色鲜
	胡椒	去除腥臭味

制作营养沙拉

沙拉是西方饮食中较具营养价值的食品。如今，口味清新的沙拉也成为许多中国人的饮食选择。沙拉以新鲜蔬菜或水果为主，富含多种维生素。美国一项调查显示，每天只吃一份蔬菜沙拉，会使人体的维生素 A、B 族维生素、维生素 E 及叶酸含量更接近推荐值。那么，制作营养沙拉有哪些妙招呢？

1. 深绿色蔬菜是首选

人们习惯用生菜叶制作沙拉，生菜叶含丰富的维生素，对人体健康十分有益。不过，想要摄取其他食物中很少含有的叶酸及铁，就要选择深绿色的蔬菜，例如西蓝花、芦笋等。

2. 红色蔬果增进食欲

在沙拉的世界里，洋葱、胡萝卜、苹果等红色系蔬果，带给人视觉兴奋的同时，又刺激味蕾，起到调色调味的作用。试想，清香多汁的西红柿，鲜红水嫩的草莓，谁都想多吃几口！

- 深绿色蔬菜含有更多的膳食纤维、维生素及其他营养成分，有助于促进胃肠蠕动，让人身心愉悦。
- 红色蔬果中含有丰富的胡萝卜素、番茄红素、铁等成分，能让人舒缓情绪、精神振奋、活力充沛。

3. 坚果和奶酪增加饱腹感

在沙拉中加入核桃、杏仁等坚果，不仅能丰富口感，而且容易使人产生饱腹感，从而有效控制体重，此外坚果中也富含不饱和脂肪酸。而奶酪则补充了人体所需的钙质，能促进青少年的生长发育，预防老年人骨质疏松。

- 富含不饱和脂肪酸的坚果口感松脆，还有保护心脏的作用，能为人体健康加分。

4. 海鲜沙拉丰腴低脂

选用金枪鱼、鳕鱼等深海鱼类制作沙拉，其所含的优质蛋白质使沙拉的营养全面而均衡，而且不含对人体不利的脂肪，爱美的女士更不用担心发胖。

- 深海鱼肉被现代工业污染的可能性非常低，营养丰富，风味更鲜，是优质蛋白质获取的极佳来源。

制作沙拉小窍门

在西方饮食中，蔬菜生食的情况相当多见，而按中国人的习惯是将蔬菜烹制后食用。其实，从营养和保健的角度出发，蔬菜以生食为好。新鲜蔬菜中所含的维生素C和一些生理活性物质十分"娇气"，很容易在烹调中遭到破坏，蔬菜生食可以最大限度地保留其中的各种营养素。

- 选择新鲜的蔬菜，尽量选绿色无公害产品，食用前可用盐水浸泡10分钟，能去掉部分有害物质。
- 蔬菜不必切得太细碎，每片菜叶以一口能吃下的大小为佳。

1. 奶油增甜香味

做水果沙拉时，可在普通的蛋黄沙拉酱内加入适量的甜味鲜奶油，其制出的沙拉奶香味浓郁，甜味加重，喜欢甜食的朋友可以试着做做。

2. 酸奶拌菜味更美

在沙拉酱内调入酸奶，可打稀固态的蛋黄沙拉酱，用于拌水果沙拉，味道更好。

3. 添盐加醋增风味

制作蔬菜沙拉时，如果选用普通的蛋黄酱，可在沙拉酱内加入少许醋、盐，更适合我们的口味。

4. 酒水亮色更增鲜

在沙拉酱中加入少许鲜柠檬汁或白葡萄酒、白兰地，可使蔬菜不变色。如果用于海鲜沙拉，可令沙拉味道更为鲜美。

5. 手撕叶菜保营养

制作蔬菜沙拉时，叶菜最好用手撕，以保新鲜，蔬菜洗净，沥干水后再用沙拉酱搅拌。

6. 蒜头擦盘味更佳

沙拉入盘前，用蒜头擦一下盘边，沙拉入口后味道会更鲜。

怎样吃蔬菜沙拉

1. 拌酱勿求一步到位

如果主菜沙拉配有沙拉酱，很难将整碗的沙拉都拌上沙拉酱，先将沙拉酱浇在一部分沙拉上，吃完这部分后再加酱，直到加到碗底的生菜叶部分，这样浇汁就容易多了。

2. 分次切小块

将大片的生菜叶用叉子切成小块，如果不好切可以刀叉并用。一次只切一块，不要一下子将整盘的沙拉都切成小块。

3. 吃法因菜品而异

如果沙拉是主菜和甜品之间的单独一道菜，通常要与奶酪、炸玉米片等一起食用。先取一两片面包放在沙拉盘上，再取两三片玉米片。奶酪和沙拉要用叉子食用，而玉米片则用手拿着吃。

- 如果沙拉是一大盘端上来，则使用沙拉叉；如果和主菜，放在一起，则要使用主菜叉来吃。

小炒有方

炒是最常使用的一种烹调方法，是以油为主要导热体，将小型原料用中旺火在较短时间内加热成熟、调味成菜的一种烹饪方法。

操作过程

1. 将原材料洗净，切好备用。
2. 锅烧热，加底油，用葱、姜末炝锅。
3. 放入加工成丝、片、块状的原材料，直接用旺火翻炒至熟，调味装盘即可。

要点

1. 炒的时候，油量的多少要视原料的多少而定。
2. 操作时，要先将锅烧热，再下油，一般将油锅烧至六或七成热为佳。
3. 火力的大小和油温的高低要根据原料的材质而定。

当烹饪前的初步加工使食材的质地、外形发生改变，适用火候也要随时调整，如食材切丝、汆水、过油都要相应缩短烹饪时间。

根据烹饪食材的质地确定火候。如绵软脆嫩的食材多用旺火速成，粗老硬韧的食材多用小火慢成。

烹饪菜品所用的食材总量也会影响到火候的使用，通常所用食材的总量越大，所需火候越足，烹饪时间越长。

TIPS

烹饪食材时，对油温的掌控要与火候联动，同时与食材条件、投放总量、加热时间综合考虑。通常在大火条件下，食材投放量小，油温可适当调低；而中火条件下，食材投放量小，油温可适当调高；当食材投放量较大时，油温可适当调高。此外，油温高低的考量也要根据食材的老嫩、质地、形状灵活掌握，在油温过高时，可通过将锅端离火源来降低。

根据烹饪食材的形状确定火候。如整形大块的食材受热面小，需小火慢慢加热才易熟透；而单薄细碎的食材受热面大，急火速成即可。

炒菜基本方法

炒菜分为生炒、熟炒、滑炒、清炒、抓炒、软炒、焦炒、煸炒等。炒字前面所冠之字，就是各种炒法的基本概念。

生炒

生炒又称火边炒，基本特点是不论主料植物性的还是动物性的，必须是生的，而且不挂糊和上浆；先将主料放入沸油锅中，炒至五六成熟，再放入配料，配料易熟的可迟放，不易熟的则与主料一齐放入，然后加入调味料，迅速颠翻几下，断生即好。这种炒法，汤汁很少，清爽脆嫩。如果原料的块形较大，可在烹制时兑入少量汤汁，翻炒几下，使原料炒透，即可出锅。放汤汁时，需在原料的本身水分炒干后再放，才能入味。

熟炒

熟炒一般先将大块的原料加工成半熟或全熟（煮、烧、蒸或炸熟等），然后改刀成片、块、丝、丁、条等形状，放入沸油锅内略炒，再依次加入辅料、调味品和少许汤汁，翻炒几下即成。熟炒的原料大都不挂糊，起锅时一般用湿淀粉勾成薄芡，也有用豆瓣酱、甜面酱等调料烹制而不再勾芡。熟炒菜的特点是略带卤汁、酥脆入味。

滑炒

滑炒所用的主料是生的，而且必须先经过上浆和滑油处理，方能与配料同炒。

清炒

清炒与滑炒基本相同，不同之处是不用芡汁，而且通常只用主料而无配料，但也有放配料的。

抓炒

抓炒是一种将抓和炒相结合的炒法，先将主料挂糊和过油炸透、炸焦后，再与芡汁一同快炒而成。挂糊的方法有两种，一种是用鸡蛋液把淀粉调成粥状糊；一种是用清水把淀粉调成粥状糊。

软炒

软炒是将生的主料加工成泥蓉，用汤或水澥成液状（有的主料本身就是液状），再用适量的热油拌炒，成菜松软、色白似雪。软炒菜肴非常嫩滑，但应注意在主料下锅后，必须使主料散开，以防止主料挂糊粘连成块。

焦炒

焦炒是将加工的小型原料腌渍过的油根据菜肴的不同要求，或直接炸或拍粉炸或挂糊炸，再经用清汁或芡汁调味而成菜的技法。先将主料出骨，经调味品拌脆，再用蛋清淀粉上浆，放入五六成热的温油锅中，边油边使油温增加，炒到油约九成热时出锅；再炒配料，待配料快熟时，投入主料同炒几下，加些卤汁，勾薄芡起锅。

煸炒

煸炒又称干炒、干煸，就是炒干主料的水分，使主料干香酥脆。煸炒是将不挂糊的小型原料经调味品拌腌后，放入八成热的油锅中迅速翻炒，炒到外面焦黄时，再加配料及调味品同炒几下，待全部卤汁被主料吸收后，即可出锅。煸炒菜肴的一般特点是干香、酥脆、略带麻辣。

如何炒蔬菜更养生

蔬菜在烹调过程中，流失营养素是不可避免的，但是如果掌握一些技巧，就可以让营养素得到较好的保存。

1. 蔬菜不炒不整理

人们习惯把蔬菜买回来后就马上整理。然而，圆白菜的外叶、莴笋的嫩叶、毛豆的豆荚都是活的，它们仍在向食用部分如叶球、笋、豆粒运输营养物质，保留它们将有利于保存蔬菜的营养物质。因此，不打算马上炒的蔬菜不要立即整理。

- 新鲜蔬菜不宜久存，菠菜在通常情况下（20℃）每放置一天，维生素 C 的损失就高达 84%。

2. 蔬菜不要先切后洗

对于很多蔬菜，人们习惯先切后洗，其实这样做并不妥。因为这样就加速了营养素的氧化和可溶性物质的流失，使蔬菜的营养价值降低。

正确的做法：把叶片摘下来清洗干净后，再用刀切成片、丝或块，随即下锅。至于菜花，洗净后，只要用手将一个个绒球肉质花梗团掰开即可，不必用刀切。

- 蔬菜若先洗后切，维生素 C 保留可达 98.4%～100%；若先切后洗，维生素 C 就只能保留 73.9%～92.9%。

3. 炒蔬菜时要用大火快炒

炒蔬菜时最好将油温控制在 200℃以下，使蔬菜入油锅时无爆炸声，避免脂肪变性而降低营养价值，甚至产生有害物质。炒蔬菜时用大火快炒，菜肴的营养素损失少，炒的时间越长，营养素损失得就越多。

- 大火可以快速地提升锅温，烹饪的时间较短，适用于生炒、爆炒和滑炒，较利于保持食材的鲜嫩口感。

4. 蔬菜勾芡也有讲究

炒菜时经常用淀粉勾芡，能使汤汁浓厚，而且淀粉糊包围着蔬菜，有保护维生素 C 的作用。因为原料表面裹上一层淀粉，可避免与热油直接接触，所以减少了蛋白质变性和维生素的损失。蔬菜常用的是玻璃芡，也就是水要多一些，淀粉少一些，而且要用淋芡的方法，这样就不会太厚。

- 勾芡一般应在菜肴九成熟时进行，过早勾芡会使汤汁发焦，过迟勾芡易使菜受热时间长，失去脆、嫩的口感。

5. 家中常备三把刀

切削不同食材，最好都使用专用的刀具。在家中最好常备切肉刀、切菜刀和水果刀，根据需要分别使用，安全又健康。其中，切肉刀刀刃锋利，下刀力量十足，主要用来切排骨。切菜刀比较轻便，使用灵活，一般用来切蔬菜以及普通肉类。水果刀则主要用来切水果。

切青菜最好使用不锈钢材质的刀，因为维生素 C 最忌接触铁器。菜在下锅以前，用开水焯一下，可除去苦味。炒熟的青菜不能放太长时间，因为 3 小时后维生素 C 几乎全部被破坏。炒青菜时，应用开水点菜，这样炒出来的菜才鲜嫩；若用一般水点菜，会影响其爽脆度。

运刀动作：在切菜时，用来固定蔬菜的手指，第一指节要弯曲，第二指节要紧贴菜刀侧面；右手抬刀切菜，每切一下，固定蔬菜的手指就要往后退一下；在抬刀时，刀刃的高度不要超过手指的第一指节，这样就可以避免切蔬菜的时候不小心弄伤手指。

6. 炒蔬菜放盐注意事项

盐是人们加工烹饪食物最常用的调味品，被称为"百味之王"。它具有咸的味道，烹饪时适量加入可用于调味、提鲜、解腻、去腥。通常在炒肉菜炒至八成熟时，是放盐的最佳时机，否则肉的口感容易变老；而在炒素菜时宜早放盐，便于蔬菜热熟的同时，减少营养成分的流失。

- 炒菜时，锅内尽可能不留有水分，因为锅里有水分时最容易溅油了，要等水干了以后再放油，放菜之前在油里放一点盐，可以很好地防止溅油。

7. 哪些蔬菜在炒之前要简单处理

白萝卜、苦瓜等带有苦涩味的蔬菜，切好之后加盐腌渍一下，滤出汁水再炒，苦涩的味道会明显减少。菠菜在开水中焯烫后再炒，可去苦涩味和草酸。黄花菜中含有秋水仙碱，进入人体内会被氧化成二秋水仙碱，有剧毒。因此，黄花菜要用开水烫后浸泡，除去汁水，彻底炒熟才能吃。炒冷冻青菜前不用化冻，可直接放进烧热的油锅里，这样炒出来的菜更可口，维生素损失也少得多。

- 蔬菜在烹炒前适当焯烫，可以缩短烹饪时间，同时又能较好地保持蔬菜的鲜嫩色泽。

巧炒水产海鲜

水产类食物不仅肉质细嫩，而且营养丰富，容易消化吸收，但要烹制得当才能色香味俱全。

1. 水产与葱同炒

水产腥味较重，炒制时葱几乎是不可或缺的。一般家庭常用的有大葱、青葱，其辛辣香味较重，应用较广，既可作辅料，又可作调味料。把它切成丝、末，增鲜之余，还可起到杀菌、消毒的作用；切段或切成其他形状，经油炸后与主料同炒，葱香味与主料的鲜味融为一体，十分诱人。

● 青葱经过煸炒后，能更加突出葱的香味，是炒制水产时不可缺少的调味料。

● 较嫩的青葱又称香葱，经沸油炸过后，香味扑鼻，色泽青翠，多用来撒在成菜上。

2. 水产与姜同炒

为了保证水产菜肴鲜美可口，烹饪时一定要将腥味除去。炒水产时加入少许姜，不但能去腥提鲜，而且还有开胃散寒、增进食欲、促进消化的作用。

姜块（片）在火工菜中起去腥的作用，而姜米则用来起香增鲜。还有一部分菜肴不便与姜同烹，又要去腥增香，用姜汁是比较适宜的。如鱼丸、虾丸，就是用姜汁去腥味的。

● 人们将姜洗净、去皮、切片，再改刀成丝，最后切成颗粒状，即为姜米，因其形酷似米粒而得名，常用于熘、炸、爆、炒的菜式中。

3. 炒鳝鱼的诀窍

鳝鱼肉嫩味鲜，营养价值甚高。鳝鱼中含有丰富的 DHA 和卵磷脂，它是构成人体各器官组织细胞膜的主要成分，而且是脑细胞不可缺少的营养。

炒鳝片或炒鳝丝的时候，要用淀粉上浆。但经常会发生浆液脱落的现象，影响烹调质量。这是因为人们习惯在调浆时加盐，而盐会使鳝鱼的肉质收缩，渗出水分，这样就容易导致浆液在油锅中脱落。因此，炒鳝鱼时上浆不必加盐。

- 鳝鱼肉质细嫩、肥美，营养丰富，是滋补身体的极品。

4. 炒水产时烹入料酒

炒制水产时，一般要使用一些料酒，这是因为酒能解腥生香。要使料酒的作用充分发挥，必须掌握合理的用酒时间。以炒虾仁为例，虾仁滑熟后，料酒要先于其他调料入锅。绝大部分的炒菜、爆菜，料酒一喷入，立即爆出响声，并随之冒出一股水汽，这种用法是正确的。

- 烹制含脂肪较多的鱼类时，可加少许啤酒，有助于脂肪溶解，产生脂化反应，使菜肴香而不腻。

5. 巧炒鲜贝

鲜贝又称带子，其特点是鲜嫩可口，但若炒不得法，却又很容易老，一般饭店多采用上浆油炒，效果未必理想。其实可以将带子洗净后用毛巾吸干水分，放少许盐、蛋清及适量干淀粉拌和上浆，放入冰箱里静置 1 小时。然后将水烧开，水量要充足，把带子分散下锅，汆熟即可捞出，沥去水分备用。炒制时，勾芡后再放带子，稍加翻炒即成。这种做法使带子内部的水分损失少，吃起来更嫩滑。

- 带子是广东人对鲜贝的通俗叫法，圆圆扁扁的肉柱口感嫩软，保持住其鲜美的味道是做好这道菜的关键。

6. 炒贝类时如何避免出水

贝类本身极富鲜味，炒制时千万不要再加味精，也不宜多放盐，以免鲜味流失。以炒花蛤为例，烹饪前应将其放入淡盐水里浸泡，滴一两滴食用油，让花蛤吐尽泥沙。花蛤炒前最好先汆水，这样炒出来就不会有很多汤水了，也比较容易入味。汆水的时候应注意，花蛤张开口就要马上捞出来，煮太久肉会收缩变老。

- 花蛤下锅炒时动作要快，迅速翻炒匀就可以出锅了，炒久了肉会变老，影响口感。

炒肉的养生小常识

肉类营养丰富，味道鲜美，与不同的食材搭配烹饪有不同的养生效果。如何使肉类的营养价值得到最大限度的发挥，也是烹饪时需要特别注意的。

1. 不加蒜，营养减半

瘦肉含有丰富的维生素 B_1，但维生素 B_1 并不稳定，在体内停留的时间较短，会随尿液大量排出。而大蒜中含特有的蒜氨酸和蒜酶，二者接触后会产生蒜素，肉中的维生素 B_1 和蒜素结合就会生成稳定的蒜硫胺素，从而提高了肉中维生素 B_1 的含量。此外，蒜硫胺素还能延长维生素 B_1 在人体内的停留时间，提高其在胃肠道的吸收率和体内的利用率。因此，炒肉时加一点蒜，既可解腥去异味，又能达到事半功倍的营养效果。

需要注意的是，大蒜并不是吃得越多越好，每天吃一瓣生蒜（约 5 克重）或是两三瓣熟蒜即可，多吃也无益。因为大蒜辛温、生热，食用过多会引起肝阴、肾阴不足，从而出现口干、视力下降等症状。

● 蒜素遇热会很快失去作用，因此只可大火快炒，以免有效成分被破坏。

2. 猪肝宜与洋葱搭配

从食物的药性来看，洋葱性味甘平，有解毒化痰、清热利尿的作用，含有蔬菜中极少见的前列腺素。洋葱不仅甜润嫩滑，而且含有维生素 B_1、维生素 B_2、维生素 C 和钙、铁、磷及植物纤维等营养成分，特别是其中的芦丁成分，具有强化血管的作用。

在日常膳食中，人们经常把洋葱与猪肉一起烹调，这是因为洋葱具有防止动脉硬化和使血栓溶解的作用，同时洋葱所含的活性成分能和猪肉中的蛋白质结合，产生令人愉悦的气味。

洋葱配以补肝明目、补益气血的猪肝，可为人体提供丰富的蛋白质、维生素 A 等多种营养物质，具有补虚损的作用，适合于治疗夜盲症、眼花、视力减退、水肿、面色萎黄、贫血、体虚乏力、营养不良等病症。

● 洋葱和猪肉同炒，是理想的酸碱食物搭配，可为人体提供丰富的营养成分，具有滋阴润燥的作用。

炒菜的若干小窍门

知道一些炒菜的诀窍对于保持菜肴的营养和美味是至关重要的，下面简单介绍常见食材的烹饪小窍门，以帮您烹饪出营养美味的小炒菜。

小窍门：生炒芋头的要点

❶ 芋头洗净，去皮，切成丝，用盐腌片刻。

❷ 将锅烧热，把芋头丝放入锅内，焙干水分。

❸ 适当加点香醋，能去异味、增香味。

小窍门：如何炒丝瓜不变色

❶ 刮去丝瓜外面的老皮，洗净，并切成小块。

❷ 烹调丝瓜时滴入少许白醋，这样就可保持丝瓜的青绿色泽和清淡口味了。

小窍门：妙炒茄子

❶ 炒茄子时，滴几滴醋，茄子便不会变黑。

❷ 炒茄子时，滴入几滴柠檬汁，可使茄子肉质变白。这样炒出来的茄子既好看，又好吃。

小窍门：韭菜炒蛋的技巧

❶ 将鸡蛋炒好，盛出备用；韭菜炒至将熟，再将鸡蛋放入略炒。

❷ 这样炒出来的鸡蛋色泽美观，味道鲜美。

小窍门：怎样炒肉才不粘锅

❶ 将炒锅刷洗干净，放旺火上烧热后倒入凉油，迅速涮一下倒出来。

❷ 重新放入适量的凉油，把锅置旺火上，随即放入备好的原料，快速抖炒。

小窍门：牛肉热炒的技巧

❶ 将牛肉切成横丝。

❷ 牛肉过油，油量要多，火要大，搅拌速度要快。

❸ 过油1分钟左右即可熄火，沥干油分，否则牛肉的肉质很快就会变老。

煲汤有方

汤菜制作方法有煲、炖、煮、汆、煨等几种，所使用的原料包罗万象。那么我们要怎么样才能做出美味又可口的汤菜呢？这就需要掌握一些制作汤菜的技巧。

原料的处理

宰杀：家禽、野味、水产等原料煲汤前均须宰杀，去除毛、鳞、内脏、淋巴、脂肪等。

洗净：所有煲汤用的原材料均须彻底洗净，以保证汤的洁净、卫生及饮用者的身体健康。瓜、果、菜类的清洗方法较为简单，去头尾、皮、瓤和杂质，清洗干净即可。有些原料的清洗较为复杂，如猪肺，要经注水、挤压，洗至血水消失、猪肺变白为宜。

浸泡：煲汤用的原料有很大一部分是干料，即经过晒干或烘干等脱水步骤干制而成的原料，如银耳、菜干、腐竹、淮山等。要使干料的有效成分易于析出，煲汤前必须进行浸泡。浸泡的时间视不同原料而定，干菜类或中药的花草类浸泡时间可稍短，1小时以内即可，如白菜干、银耳、海带、夏枯草等；坚果类、豆类或中药根茎类的浸泡时间应稍长，可浸泡1小时以上，如冬菇、蚝豉、淮山、莲子、芡实等。另外，根据季节的不同，干料浸泡时间也略有不同。

- 夏季气温较高，干料易于吸水膨胀，浸泡时间可短。
- 冬季气温较低，干料吸水膨胀需时较长，浸泡时间可稍长。

汆水：将经过宰杀和斩件、洗净的原料放入沸水中，稍煮即捞起，用冷水洗净的过程称为汆水。汆水的主要目的在于去除原料的异味、血水、碎骨，也可去除一部分脂肪，避免汤过于油腻，使汤清味纯。

汤的烹制方法

汤的烹制方法主要有煲、滚、炖等，其中以煲和滚较为常见。

煲：是以汤为主的烹制方法。它的特点主要是通过煲的过程，使原料和配料的味和营养成分溶于汤水中，使汤香浓美味。煲汤用的动植物原料应先加工洗净，并通过汆水、煎、爆炒等方法去除腥、膻、污物及异味，使汤清味纯。煲汤以沸水下料为佳，如果冷水下料，从下料到煲滚会经过一段较长的时间，原料在锅底停留时间过长容易造成粘底。

滚：是一种方便快捷的煮食方法，也是烹制靓汤的常用方法。其方法是沸水下料，待原料滚熟即可。滚汤省时方便，汤清味鲜，原料嫩滑可口。

炖：是一种间接加热的处理方法。它通过炖盅外的高温蒸汽，使盅内的汤水温度升至沸点，使原料的精华均溶于汤内。由于要加盖或用玉扣纸密封来炖，汤中有效成分可得到较好的保存，故炖品多原汁原味，营养价值高。

除了用喝水及吃补品来补充身体水分和营养之外，我们还可以通过喝滋补汤的方式来补充我们失去的水分及欠缺的营养。但是怎样煲汤、如何喝汤更营养呢？

汤煲多久更营养

1. 不同食材，时间有别

一般来说，煲汤的材料以肉类等含蛋白质较高的食物为主。蛋白质的主要成分是氨基酸类，如果加热时间过长，氨基酸遭到破坏，营养反而降低，同时还会使菜失去应有的鲜味。另外，食物中的维生素如果加热时间过长，也会有不同程度的损失。尤其是维生素C，遇到长时间加热极易被破坏。所以，长时间煲汤后，虽然看上去汤很浓，其实随着汤中水分蒸发，也带走了丰富营养的精华。对于一般肉类来说，可以遵循时间煲久一点的原则。但也有些食物，煲汤的时间需要更短。比如鱼汤，因为鱼肉比较细嫩，煲汤时间不宜过长，只要汤烧到发白就可以了，再继续炖不但营养会被破坏，而且鱼肉也会变老、变粗，口味不佳。最后，如果汤里要放蔬菜，必须等汤煲好以后随放随吃，以减少维生素的损失。

● 一般来说，60~80℃的温度易破坏部分维生素，而煲汤时，食物温度长时间维持在85~100℃之间。

2. 煲汤以 0.5 ~ 2 小时为宜

通常来说，煲汤时间不宜太久，时间在0.5 ~ 2 小时为宜，这样可以最好地留住营养成分。先用大火煮沸，然后用小火煲。煲汤时放入丰富的食材，既能保证营养均衡，而且利于消化和吸收，但是煲汤时间过长，会造成食物中的蛋白质和脂肪等营养成分流失。因此建议汤和肉一起吃，因为食物中的蛋白质不可能都溶解在汤水中。

3. 药膳汤熬制不宜超过 1 小时

除了肉类，药膳汤中的中药材也是其特色之一。按照中药的煎煮时间来说，黄芪、党参一类补气的药材小火熬40 ~ 60 分钟就可以了，如果时间太长，药材的有效成分在溶液中会被破坏掉。此外，药材最好选适合多数人体质的、平补无偏性的，如山药、枸杞子、党参、生地、玉竹等。

0

人参含有的人参皂苷成分，煮得过久就会因分解而损失补益价值。

1

2

0~1 小时：药材单独浸泡 1 小时，熬汤 1 小时。

煲汤共计 2 小时，可以最大限度地保留药材的营养和药效。

1~2 小时：药材（泡水溶液）、食材、汤再同熬 1 小时。

怎样煲汤更营养

无论是中餐还是西餐，无论是丰盛的筵席还是普通的家常便饭，汤都是少不了的。它营养、健康、滋补、美味，集多种优点于一身，深得人们喜欢。那么，你有没有想过亲手为家人煲一锅暖暖的美味汤呢？

1. 选料要精湛

选料是煲好鲜汤的关键。要熬好汤，必须选鲜味足、异味小、血污少、新鲜的动物原料，如鸡肉、鸭肉、猪瘦肉、猪肘子、猪骨、火腿、板鸭、鱼类等。这类食品含有丰富的蛋白质、琥珀酸、氨基酸、肽、核苷酸等，它们也是汤鲜味的主要来源。

喝汤也要防止长胖，应尽量少用高脂肪、高热量的食材做汤料，最好选择低脂肪的食材做汤料，如老母鸡、肥鸭等。猪瘦肉、鲜鱼、虾米、兔肉、冬瓜、丝瓜、萝卜、魔芋、西红柿、紫菜、海带、绿豆芽等，也都是很好的低脂肪汤料，不妨多选用一些。

- 即使用低脂肪的食材做汤料，也最好在煲汤的过程中将多余的油脂撇出来。

2. 食材要新鲜

即选用鲜味足、无腥膻味的原料。新鲜并不是历来所讲究的"肉吃鲜杀、鱼吃跳"的鲜。现代所讲的鲜，是指鱼、畜禽死后 3 ~ 5 小时，此时鱼或禽肉的各种酶使蛋白质、脂肪等分解为氨基酸、脂肪酸等人体易于吸收的物质，不但营养最丰富，味道也最好。

3. 搭配要适宜

有些食物之间已有固定的搭配模式，营养素有互补作用，即餐桌上的"黄金搭配"。最值得一提的是海带炖肉汤，除此以外，还有山药与鸭肉、白萝卜与豆腐、猪肚与豆芽等，都是餐桌上的"黄金搭配"。为了使汤的口味比较纯正，一般不宜用太多品种的动物性食材一起煲汤。

- 酸性食材猪肉与碱性食材海带的营养正好能互相配合，这是日本的长寿地区冲绳的"长寿食材"。

4. 炊具要选好

煲鲜汤用陈年瓦罐效果最佳。熬汤时，瓦罐能均衡而持久地把外界热能传递给里面的原料，而相对平衡的环境温度，又有利于水分子与食物的相互渗透，这种相互渗透的时间维持得越长，鲜香成分溢出得越多，煲出的汤的滋味就越鲜醇，原料的质地就越酥烂。

- 瓦罐是经过高温烧制而成，具有通气性好、吸附性强、传热均匀、散热缓慢等特点。

5. 火候要适当

煲汤的要诀：大火烧沸，小火慢煨。这样才能把食材内的蛋白质浸出物等鲜香物质尽可能地溶解出来，使煲出的汤更加鲜醇味美。只有小火才能使营养物质溶出得更多，而且汤色清澈、味道浓醇。

大火是以汤中央起"菊花心——像一朵盛开的大菊花"为准，每小时消耗水量约20%，煲老火汤，主要是以大火煲开、小火煲透的方式来烹调，小火是以汤中央呈"菊花心——像一朵半开的菊花"为准，耗水量约每小时10%，如此煲制，便不会出错。

做汤的火候：滚汤一般用大火，待汤将要煲好，下肉料后，可将火调小，用小火滚至肉熟，这样可使肉料保持嫩滑之口感，如果火力太猛，会使肉料过熟而变老。

● 煲汤和炖汤均宜先用大火煲滚，再用小火去煲和炖。

做汤的时间：民间有"煲三炖四滚熟"的习惯说法。也就是说，煲汤要用3小时，炖汤要用4小时，滚汤滚至原料熟即可。其实，煲、炖汤的时间也要视具体情况而定。若煲、炖瓜、果、菜类的汤，时间可稍短，2小时左右即可。

烹饪方式	煲	炖
操作过程	直接将锅放于炉上焖煮，煮3小时以上	用隔水蒸熟为原则，时间为4小时以上
汤汁变化	汤汁愈煮愈少	原汁不动，汤头较清不混浊
食材变化	食材易于酥软散烂	食材保持原状，软而不烂

6. 配水要合理

煲汤不宜用热水，如果一开始就往锅里倒热水或者开水，肉的表面突然受到高温，外层蛋白质就会马上凝固，使里层蛋白质不能充分溶解到汤里。此外，如果煲汤的中途往锅里加凉水，蛋白质也不能充分溶解到汤里，汤的味道会受影响，不够鲜美，而且汤色也不够清澈。

做汤的用水量：煲汤过程中由于水分蒸发较多，因而煲汤的用水量可多些，其比例大概为1∶2，也就是说要得到1碗汤，就要放2碗水去煲。炖汤时，由于要加盖隔水而炖，水分蒸发较少，故需要多少汤就用多少水即可。滚汤用水量略有差别，生滚法耗时短，汤量可等于用水量；煎滚法耗时长，用水量要稍多一些。

● 水温的变化，用量的多少，对汤的营养和风味有着直接的影响。

7. 操作要精细

煲汤时不宜先放盐，因为盐具有渗透作用，会使原料中的水分排出，蛋白质凝固、鲜味不足。煲汤时温度维持在85～100℃，如果在汤中加蔬菜应随放随吃，以免维生素C被破坏。

● 汤中可以适量放入香油、胡椒、姜、葱、蒜等调味品，但注意用量不宜太多，以免影响汤本来的鲜味。

对症喝汤有益健康

说到汤，世界各地的美食家都信奉这样的信条："宁可食无肉，不可食无汤。"多喝汤不仅能调节口味、补充体液、增强食欲，而且能防病抗病，对健康有益。汤的食疗价值很高，中医讲究辨证施治，我们喝汤时也应该对症来喝。

1. 骨头汤抗衰老

动物的骨头中含有多种对人体有营养、具有滋补和保健功能的物质，具有添骨髓、增血液、延缓衰老、延年益寿的保健作用。骨汤中的特殊养分以及胶原蛋白可促进微循环，50 ~ 59 岁这 10 年是人体微循环由盛到衰的转折期，骨骼老化速度快，多喝骨头汤可收到药物难以达到的效果。

● 骨头汤中的胶原蛋白可疏通微循环并补充钙质，有助于延缓人体衰老。

2. 鱼汤防哮喘

鱼汤中含有一种特殊的脂肪酸，它具有抗炎作用，可以帮助缓解肺呼吸道炎症，预防哮喘发作，对儿童哮喘病更为有益。尤其是在鲫鱼汤、乌鱼汤中，此类脂肪酸的含量最为丰富。

3. 鸡汤抗感冒

鸡汤,特别是母鸡汤中的特殊养分,可加快咽喉部及支气管黏膜的血液循环,增强黏液分泌,及时清除呼吸道病毒,缓解咳嗽、咽干、喉痛等症状。

● 煲制鸡汤时，可以放一些海带、香菇等，营养更丰富，汤味更鲜。

4. 菜汤解体衰

各种新鲜蔬菜含有大量碱性成分并溶于汤中，常喝蔬菜汤可使体内血液呈正常的弱碱性状态，防止血液酸化，并使沉积于细胞中的污染物或毒性物质重新溶解后随尿液排出体外。

5. 海带汤御寒

海带含有大量的碘元素，而碘元素有助于甲状腺素的合成，具有产热效应，可以加快组织细胞的氧化过程，提高人体基础代谢，使皮肤血流加快，能减轻寒冷感。

6. 羊肉汤温补

羊肉味甘性热，具有助阳、补精血、疗肺虚、益劳损的药用功能，是一味良好的滋补壮阳食物。

● 羊肉与鱼鳔、黄芪一同煲制成汤，可以温补阳气、强肾健脾。

7. 狗肉汤壮阳

中医认为，狗肉味甘性温，御寒能力强，能益气补虚、温中暖下，具有暖胃健脾、驱寒祛湿、补益壮阳、强身健体的作用。在寒冬季节常吃狗肉、喝狗肉汤，对人体大有裨益。

8. 养气血多喝猪蹄汤

猪蹄性平味甘，入脾、胃、肾经，能强健腰腿、补血润燥、益肾填精。加入一些花生和猪蹄煲汤，尤其适合女性，民间还常用于滋补女性产后阴血不足、乳汁缺少。

不同人群的喝汤方法

随着人们生活水平的不断提高，越来越多的人开始追求健康饮食，汤也成了人们餐桌上不可缺少的一道食品。但是，不同人群对汤的营养需求是不一样的，不同汤对人体产生的作用也是不一样的。

1. 小儿适合喝蛋白质含量高的汤

对小儿生长发育最重要的营养物质是蛋白质。动物性食物的主要营养成分是蛋白质，也就是小儿生长发育最重要的营养物质，鱼、鸡或猪肉煨成汤后，确有一些营养成分溶解在汤中，如少量氨基酸、肌酸、肉精、嘌呤基、钙等，增加了汤的鲜美味道，但主要营养成分蛋白质遇到高热就变性凝固了，所以，绝大部分蛋白质仍留在肉里。因此，鸡、鱼、猪肉煨汤后，父母不仅要给孩子喝汤，也要让他们吃肉，这样才能保证其生长发育所需的营养成分。

● 肉经过煨煮后，汤里含有的蛋白质只是肉中的3%～12%，汤内的脂肪只是肉中的37%，汤中的无机盐含量仅为肉中的25%～60%。

2. 产妇不要喝过浓的肉汤

猪蹄汤、瘦肉汤、鲜鱼汤、鸡汤等肉汤含有丰富的水溶性营养，产妇饮用，不仅利于体力恢复，而且能帮助乳汁分泌，可谓最佳营养品了，但产妇喝肉汤也有学问。如果产后乳汁迟迟不下或下得很少，就应早些喝点肉汤，以促进下乳，反之就迟些喝肉汤，以免过多分泌乳汁造成乳汁淤滞。肉汤过浓，脂肪含量就越高，乳汁中的脂肪含量也就越多。含有高脂肪的乳汁不易被宝宝吸收，往往会引起宝宝腹泻，因此，产妇不要喝过浓的肉汤。

● 猪蹄具有补虚损、填肾精、下乳汁的作用，煲汤食用可改善因贫血所致的乳汁不行，是常用的下乳佳品。

3. 老人适当多喝点清汤

由于老年人体内水分逐渐下降，若不适量增加饮水，会使血液黏稠度增加，易诱发血栓形成及导致心脑血管疾病，还会影响肾脏的排泄功能。因此，老年人每日餐前应多喝一些清淡的汤。

4. 职业女性多喝甜汤

工作繁忙使职业女性经常感到身心疲惫、睡眠不好、皮肤晦暗，要有好脸色、好心情，还要靠细心调养。加之秋冬季节，皮肤水分蒸发加快，皮肤会因缺水变得粗糙，弹性变小，严重的话会产生皲裂，常常使一些爱美的女性苦恼不已。人们在注意皮肤日常护理的同时，也可以多吃一些用银耳、梨熬制的甜汤，营养味美又健康。

● 含水分多的甘润食物，是秋冬季最为养生的食物，不仅可直接补充水分，还能补养肺阴。

煲汤喝汤小窍门

汤的种类很多，做法也五花八门。人们经常喝的汤有荤、素两大类，荤汤有鸡汤、肉汤、骨头汤、鱼汤、蛋花汤等；素汤有海带汤、豆腐汤、紫菜汤、西红柿汤、冬瓜汤和米汤等。下面将为你介绍一些煲汤、喝汤的实用小窍门。

1. 选购煲汤猪肉： 现在的人都不怎么喜欢吃肥肉，所以煲汤时都喜欢选择瘦肉，但是瘦肉煲汤后肉质较粗糙，不好吃。煲汤的猪肉可以选半肥半瘦的肉，最好是选择猪前腿的肉，这部分的肉煲炖几个小时后，肉质仍嫩滑可食。

2. 煲鱼汤要滚水下料： 煲鱼汤时，要在滚水状态下鱼，否则汤会有很重的腥味。如果冷水下材料，材料会聚在煲底，而煲内的水又要等一段时间才能开，这些材料在煲底时间久了，汤煮滚以后，材料无法滚起，就会粘底且腥味很重。

3. 胡椒粉巧去鱼腥味： 煲鱼汤时，去除鱼腥味很重要。除了用姜将鱼煎香，以去除鱼腥味外，在汤沸的时候加入适量的胡椒粉，同样具有去鱼腥的效果。

4. 汤面浮油不可立即除去： 煲汤时，沸后汤面往往会出现许多浮油，但切忌立即撇走，因为这层浮油可阻止营养随水蒸发，应在煲汤完成熄火后，才将浮油撇除。

5. 喝汤吃渣最营养： 用鱼、鸡、牛肉等高蛋白质食材煮 6 小时后，看上去汤已很浓，但蛋白质的溶出率只有 6%～15%，还有 85% 以上的蛋白质仍留在"渣"中。经过长时间烧煮的汤，其"渣"吃起来口感虽不是很好，但其中的肽类、氨基酸更利于人体的消化吸收。

● 可将煲汤的食材放入一种专为煲汤而设的袋或网中，这样在将汤渣从瓦煲中取出时非常方便。

6. 鱼汤鲜美有窍门：

方法一，将鲜鱼去鳞、除内脏，清洗干净，放到开水中烫 3～4 分钟捞出来，然后放进烧开的汤里，加适量的葱、姜、盐，改用小火慢煮，待出鲜味时离火，滴上少许香油即可。

方法二，将洗净的鲜鱼放进热油中煎至两面微黄，然后冲入开水，并加葱、姜，先用旺火烧开，再改小火煮熟即可。

方法三，将清洗净的鲜鱼控去水分。锅中放油，用葱段、姜片炝锅并煸炒一下，待葱变黄出香味时，冲入开水，旺火煮沸后放入鱼，用旺火烧开后改小火煮熟即可。

● 熬鲫鱼汤时，可以先用油将鲫鱼煎至表皮略黄，再用开水小火慢熬，这样可使鱼肉鲜嫩，鱼汤呈现出乳白色，味道更鲜美。

7. 饭前喝汤好处多： 饭前饮少量汤，好似运动前做预备活动一样，可使整个消化器官活动起来，使消化腺分泌足量消化液，为进食做好准备。

8. 饭后最好不喝汤： 饭后喝汤是一种有损健康的习惯。因为最后喝下的汤会把原来已被消化液混合得很好的食物稀释，势必影响食物的消化吸收。

9. 喝汤速度越慢越不容易胖： 慢速喝汤会给食物的消化吸收留出充足的时间，感觉到饱了时，就是吃得恰到好处时；而快速喝汤，等你意识到饱了，可能摄入的食物已经超过了所需要的量，自然很容易长胖。

● 如果延长吃饭的时间，就能充分享受食物的味道，并提前产生已经吃饱的感觉，喝汤也是如此。

10. 不可饮隔日汤： 为避免浪费，许多人都会将剩余的汤留待第二日加热再饮。汤煲好后放的时间超过一天，维生素便会流失，余下的只是脂肪和胆固醇等，若再经加热，汤内的分子便会变质，长期饮用这类汤会影响健康，所以汤以即煲即饮最佳。

11. 巧用木棉花老母鸡汤除秋燥： 将适量木棉花与老母鸡、猪脊骨、猪瘦肉同炖 3 小时，其浓郁醇厚的味道让人垂涎欲滴，加上老母鸡的温补作用与木棉花的清热作用充分互补，最适合秋季喝。

● 木棉花（干品）是广东凉茶"五花茶"中的五花之一，具有利湿、解毒的作用。

12. 巧用五叶神龙骨汤舒畅喉咙： 五叶神（鲜品）为山草药，有利咽、止咳、平喘之功用，与龙骨、鸡爪同煲汤，对因秋季干燥、吸烟过多引起的咳嗽有很好的缓解作用。

13. 巧用鸡汤抗感冒： 鸡汤，特别是母鸡汤中的特殊养分，可加快咽喉部及支气管黏膜的血液循环，增强黏液分泌，及时清除呼吸道病毒，缓解咳嗽、咽干、喉痛等症状。

14. 巧用绿豆汤补氨基酸： 绿豆性凉，具有清热解暑的作用，可以和薄荷叶一起做成绿豆薄荷汤，或与南瓜一起做成绿豆南瓜汤，或和米仁一起做成绿豆米仁汤，或和金银花一起做成绿豆银花汤。绿豆和米类共煮，氨基酸可以互相补充。

15. 巧用鸭蛋葱花汤止咳： 鸭蛋葱花汤有滋阴清热、止咳化痰的作用。取鲜鸭蛋 1 ～ 2 个去壳，青葱 4 ～ 5 根切碎，加适量水同煮，加白糖调味，吃蛋喝汤，每日一次。

16. 夏天巧用红豆汤治水肿： 夏天人体易水肿，喝红豆汤不失为一种好的消肿食疗方法。水肿患者小便少，如在初期时就用红豆汤作为饮料，次日肿势就可减退；连服 6 ～ 7 天，水肿可完全消散。

● 红豆热量低，且富含维生素 E 及钾、镁、磷、锌、硒等活性成分，是典型的高钾食物，有降血糖、降血压、降血脂作用。

厨房妙招

厨房是热爱美食的人心目中的圣地，吃的欲望让人们不断地开动脑筋，发现这世间的美味食物。

选

挑选香菇：以菇身结实，菇面向内微卷曲并有花纹，颜色乌润，菇底白色，纹细，圆口，肉厚且香味浓郁的为佳。

挑选香菜：以苗壮、叶肥、新鲜、长短适中、香气浓郁、无黄叶、无虫害的为佳。

挑选芝麻：真正的黑芝麻颜色应该是深灰色的，而非黑得发亮。黑芝麻必须新鲜，购买时闻闻是否有新鲜的气味即知。

挑选嫩姜：要选芽尖细长的。那些中心部位看似肥胖胖的，中看不中吃，丝毫没有嫩姜清脆、爽口的特点。

挑选绿豆：可将绿豆用水浸泡，浮起来的即为坏豆子，而沉在水底的则为好豆子。

挑选板栗：皮色鲜亮、带有光泽的板栗品质一般较好。用手捏板栗，手感坚实的表明果肉比较丰满。

挑选牛肚：质量好的牛肚组织坚实，有弹性，黏液较多，色泽白色，略带浅黄，其内部无硬粒、硬块。

挑选猪腰：新鲜的猪腰呈浅红色，表面有一层薄膜，有光泽，柔润，具有弹性。

挑选鲜虾：鲜虾颜色青白、外皮光亮、虾壳坚硬、眼睛外凸、虾须硬挺、虾身完整、肉质坚实、味道腥鲜。

挑选生蚝：壳凸起，面要圆润饱满；有较重的手感；轻敲壳，马上能合起。挑新鲜无壳生蚝时，则要汁液清冽无色的。

挑选海参：质量好的参体肥壮、饱满、顺挺，肉质厚实，肉刺挺拔鼓壮，体内无泥沙杂质，体表无下陷、收缩。

挑选素鸡：质量好的素鸡颜色为乳白色或淡黄色，无重碱味，外观圆柱形，切开后刀口光亮，看不到裂缝、烂心。

挑选田螺：个大、体圆、壳薄、掩盖完整，螺壳呈淡青色，壳无破损，无肉溢出。挑选时，可用小指尖往掩盖上轻轻压一下，有弹性的就是活螺，反之就是死螺。

挑选咸蛋：咸蛋一般用黑色灰泥包裹，购买时可将部分灰泥剥去，对着灯光观察。如蛋白透明红亮而清晰、蛋黄无扩散或偏倚一旁，转动时蛋白流动同时带动蛋黄的，则是优质咸蛋。

洗

清洗鸡蛋：蛋的外表不干净时，最好不要用水冲洗，这样会洗掉壳上的保护膜，使得蛋更容易吸收冰箱里的异味，最好用干布擦拭即可。

清洗猪心：将猪心放在面粉中"滚"一下，放置 1 小时后清洗，洗净烹炒，其味美纯正。

清洗猪肚：将猪肚翻过来，在脏的一面撒上些玉米粉和面粉，放置 10 分钟左右，再用手轻轻揉搓，并用清水清洗，这样就可以将沾在上面的脏物全部除掉。

清洗猪肝：先用水冲 5 分钟，切成适当的大小，再泡入冷水中 4 ~ 5 分钟，取出沥干，不仅可洗净，而且可去腥味。

清洗蘑菇：蘑菇表面有黏液，使泥沙粘在上面不易洗净。洗蘑菇时，水里先放点盐，泡一会再洗，就极易把泥沙洗掉了。

泡发银耳：先将银耳放入凉水浸泡 1 小时，然后去根，去杂质，洗净即可烹饪。

清洗海蜇：将海蜇皮平摊在案板上，切成细丝，泡入 50% 的盐水中，用手搓洗片刻后捞出，把盐水倒掉，再冲盐水泡，重复 3 次，就能把夹在海蜇皮里的泥沙全部洗掉。

泡发干黄花菜：将黄花菜梗和杂质去掉，放入冷水中浸泡 30 分钟取出，挤干水分即可使用。

泡发虾米：用温水将虾米洗净，再用沸水浸泡 3 ~ 4 小时，待虾米回软时，即可使用。也可用凉水洗净，加水上屉蒸软。

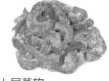

泡发干百合：将干百合洗净，放在准备好的容器中，加入适量的开水，加盖浸泡半个小时左右，取出后洗净杂质即可烹饪。

泡发海带：将干海带放入蒸笼蒸半个小时，取出后先用碱面搓一遍，然后用清水泡一天，这样处理过的海带又脆又嫩，且无腥味。

保鲜

葱保鲜：新买回来的葱用小绳捆起来，根朝下放在水盆里，就会长时间不干、不烂。也可将葱带根放入保鲜袋中，存放于冰箱中，可保存 7~10 天。

葱花保鲜：葱花切好后分成几份，放进冰箱冷冻室，每次炒菜用一包。这样保存，葱花不会烂掉、蔫掉，不会影响风味，还节省了每次炒菜切葱花的时间。

大蒜保鲜：将大蒜置于网状的长袋子中，吊在阴凉通风处，可以长时间保存。也可以将大蒜去皮后放入广口瓶中，倒入色拉油浸泡，存放于阴凉处。此法不但不会使大蒜发芽，在炒菜时还可直接拿出来使用，很方便。

绿豆芽保鲜：煮豆芽菜前，最好将绿豆芽浸于清水中，放入冰箱内盖严，这样可以保持绿豆芽不会变黄色。如果要保存更长时间，要把绿豆芽放入沸水中浸一浸，捞起浸于清水中，再放入冰箱内。

西红柿保鲜：挑选果体完整、品质好、五六成熟的西红柿，将其放入塑料食品袋内，扎紧口，置于阴凉处，每天打开袋口 1 次，通风换气 5 分钟左右。如塑料袋内附有水蒸气，应用干净的毛巾擦干，然后再扎紧袋口。

黄瓜保鲜：在水里加些盐，把黄瓜浸泡在里面，让容器底部喷出许多细小的气泡，增加水中的含氧量，就可维持黄瓜的呼吸，保持黄瓜新鲜。

丝瓜保鲜：丝瓜买回家最好能在 2 天内吃完，这时最能品尝到丝瓜的新鲜甘甜。如果没有马上食用，可用报纸包好，再套上塑胶袋在冰箱冷藏，可延长丝瓜保存期限。

西蓝花保鲜：整棵西蓝花要用保鲜膜紧密包裹好后再放入冰箱冷藏，或将西蓝花用沸水快速烫一下，再用塑料袋包好，放入冰箱冷藏或冷冻，可保鲜更久。

莴笋保鲜：将莴笋放入盛有水的盆内，水量以淹至莴笋主干 1/3 处为宜，在室内放置 3 ~ 5 天，莴笋叶子可保持绿色，主干仍很新鲜，炒食依旧鲜嫩可口。

土豆保鲜：将新鲜的土豆放入一个干净的纸箱里，再放入几个绿苹果，这样可让土豆保存很长时间。

腊肉保鲜：将一口小的干净的坛罐置于干燥阴凉且已撒好石灰的地方，把腊肉放进坛里（腊肉的量以刚填满坛子为宜），用布蒙住坛口，再盖上坛盖，这样腊肉可保存 4 个月。

花生仁保鲜：家庭贮存花生仁，可先将其晒干，摊晾，再用塑料袋密闭起来，并放入一小包花椒，然后将塑料袋置于干燥、低温、避光的地方。这样可使花生仁保存 2 年以上。

碘盐保鲜：将碘盐放入玻璃或陶瓷器皿中，盖严。由于碘在高温环境中丢失较快，所以盐缸应放置在凉爽和没有阳光直射或燥热辐射的地方。

切

切鱼肉：鱼肉质细、纤维短，故切时易破碎。切时应将鱼肉朝下，刀口斜入，最好顺着鱼刺切，这样切起来干净利落，且炒熟后形状完整。

切羊肉：羊肉中的黏膜较多，切之前应将其剔除，否则炒熟后肉烂膜硬，吃到嘴里难以下咽。

切猪肉：猪肉丝的切法与牛肉相反，因为猪肉的肉质细腻、筋少，若横切，炒熟后就会变得零乱散碎，不成肉丝。所以猪肉要斜切，这样既不会碎散，吃的时候也不会塞牙。

切肥肉：将肥肉蘸凉水后再放在案板上切，肥肉就不会滑动，切着省力而且不粘案板。

剁肉馅：在剁肉馅时，只要在肉里倒少许酒，剁起来肉末就不会粘在刀上了，既快又省力，而且成菜味道也香。

斩猪骨：做骨头汤用的筒状长骨，比较难砍，可用钢锯（断锯条也可）在骨的中部锯出一个深1毫米、长5毫米左右的缺口，然后用刀背砍，骨头会很快被折断，既省力又安全。

切火腿：火腿水分少，要切开十分费劲。如果用锯来代替刀，就容易多了，而且切出的断面很平滑。切时应先将火腿固定，然后用锯条切开。

切洋葱：将洋葱平放在菜板上，根部朝下，切时不要一刀切到底，这样切完的洋葱就不会散乱零碎，而且容易切，最后将根部去掉就行了。

切西红柿：切西红柿时，要先弄清西红柿表面的纹路，然后依着纹路切下去，能使切口的子不与果肉分离，西红柿汁也不会流失。

切生姜、大蒜：先把生姜和大蒜放在菜板上，用菜刀的侧平面将其拍碎，然后再切，就比较好切了。

切干辣椒：想将干辣椒切得很细不容易，如用剪刀来剪，轻而易举就可以剪得很细。

烹

去除豆腥味：烧豆类菜时，先加点黄油，然后再放盐，就能去掉豆腥味。

巧煮土豆味更鲜：用白水煮土豆时，在水中加一点牛奶，不但能使土豆味道鲜美，而且还可防止土豆发黄。

炒菜巧调味：炒菜时，如用酱汁过多，可加少量牛奶，能将其味道中和。

巧烧豆腐：烧豆腐时，加一些豆腐乳或汁，可使烧出来的豆腐香嫩可口。

肉汤味清香：保留芹菜的叶子在洗净后放入冰箱冷冻，在煮汤时放入，可使汤味更清香。

炒菜巧增香：炒白菜、芹菜时，先将几粒花椒投入油锅，炸至变黑时捞出，留油炒菜，将会菜香扑鼻。

醋多了补救窍门：菜肴里加的醋过多，如果加适量的米酒，酸味就会减轻许多。

巧炒莲藕：清炒莲藕时，往往会变黑，炒莲藕时边炒边加些清水，就可保持莲藕的洁白。

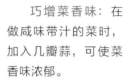

巧增菜香味：在做咸味带汁的菜时，加入几瓣蒜，可使菜香味浓郁。

巧煮菠菜：煮菠菜等到菜叶熟时，再加少许盐，菜叶就不易变黄了。

巧炒豆角：将豆角用开水焯一下，捞出撒少许盐，然后再炒，炒出的豆角翠绿欲滴。

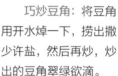

巧炸花生仁：将油和花生仁同时入锅，油逐渐升温，炸出的花生仁内外受热均匀，酥脆一致，色泽美观，香味可口。

巧炒苋菜：在冷锅冷油中放入苋菜，再用旺火炒熟，这样炒出来的苋菜色泽明亮，滑润爽口，且没有异味。

酒浸肉鲜嫩：猪肉、牛肉、禽肉用葡萄酒浸泡，肉会变软，并能保持新鲜，肉烧熟后，鲜嫩可口。

巧炒蒜薹：炒蒜薹的时候，先以蒜头炝锅，然后在炒的中途加水，这样就可以使蒜薹熟透且爽甜嫩口。

巧煨银耳：煨银耳汤时应"文武"火结合。银耳入高压锅后，加冷水用武火烧开，上气后改用小火煨30分钟左右即可。如果用电饭煲煨，煨的时间则要稍长一点，但是方法和用高压锅煨一样。

巧炒腊肉：可将瘦腊肉先放在蒸锅中蒸软，然后将腊肉切成薄片，放入烧热的花生油中翻炒，再放入大蒜、生姜、酱油、味精，拌匀翻炒3分钟，最后将蒸腊肉的余油加入其中即可出锅。这样炒出来的腊肉闻起来香味扑鼻，吃起来松软柔嫩。

炒苋菜：在冷锅冷油中放入苋菜，再用旺火炒熟，这样炒出来的苋菜色泽明亮、滑润爽口，不会有异味。

巧煮香菇：在香菇的蒂部刻一个"十"字，并在顶部再刻一刀。刻上"十"字后，在煮的过程中便可将汤水引进香菇中，以去掉里面的"怀胎水"，并吸入配料的味道。

巧炒回锅肉：肉片在回锅加酱料之前，先以中火炒至表面干酥，以逼出多余的油分，沥干后再回锅加入炒香的甜面酱，就不会过于油腻了。

巧做梅菜：梅菜有甜、咸之分，浸水后可试咬，如果觉得咸，切后加些糖腌一会儿可减少咸味，但勿浸过久，以免失去香味。上菜前最好先试味，如果觉得淡，则再放点盐。

炒豆芽：炒的关键就是速度要快，在炒的时候放一点醋，既能去除涩味，又能保持豆芽爽脆的口感。

炒洋葱：将切好的洋葱粘上少许面粉，入锅炒，炒出的洋葱色泽金黄、质地脆嫩、味美可口。

炒芹菜：先将油锅用猛火烧热，再将芹菜倒入锅内快速炒熟，这样炒出的芹菜鲜嫩、脆爽。

煮玉米：煮玉米时，应保留一两层嫩皮，煮时火不要太大，要温水慢煮。如果是剥过皮的玉米，可将皮洗干净，垫在锅底，然后把玉米放在上面，加水同煮，这样煮出的玉米鲜嫩味美。

煮竹笋：在烹饪竹笋时，可先用开水煮，不仅容易熟，而且松脆可口。

煮土豆：煮土豆之前，先将其放入水中浸泡 20 分钟左右，再放入锅中煮，等水充分地渗透到土豆里，土豆就不会被煮烂了。用白水煮土豆时，若能在水中加一点牛奶，土豆的味道会格外鲜美。